CHUTZPAH

Why Israel Is a Hub of Innovation and Entrepreneurship

虎之霸

從日常習得
不確定與創新的力量和技能

英貝兒．艾瑞黎
INBAL ARIELI

遠流出版公司

作者特撰台灣版序

創業視角看台灣：模糊、緊張、沒資源……這樣簡直太好了！

今日的以色列經濟繁榮，位在創新的最前線，為整個世界帶來改變。雖然以色列國土很小（只有台灣的三分之二），人口相對也少（只有台灣的百分之四十），但以色列已穩居全球創新、創意、創業的核心基地，無人能比。以色列過去投入了大量的心力，達到了這樣的境地，而今日也必須加倍努力，才能維持這個核心位置。

在外人眼中，以色列人好像天生注定會成功，雖然事實並非如此。有些以色列人的成就比較好，有些人沒那麼好，這點在所有文化或社會裡都是一樣的。外人常用一種偏誤的、簡化的印象，把以色列想像成一個充滿財富與智慧的國家。不過換個角度來想，刻板印象之所以會出現，背後一定有原因，至少從豐沛的人力資源來看，外人對以色列這種「很富裕、很聰明」的刻板印象，倒是正確的。

創意，自由思考與智識挑戰

以色列作為一個新創企業之國，它的成功並非來自天生，而是由「一連串難以理解的情境加上長時間形成獨特的文化觀念」的這種組合，造就出以色列的成功。在以色列，我們很重視也很珍惜一系列的技能與特質，而這些技能與特質恰好就是身為創業家所需的。這些不是來自刻意的栽培，而是我們從小就在這樣的環境中成長，我們今日也在這樣的環境中養育下一代。

以色列人的創意、自由思考、智識挑戰這三者相互扣合，也是我們社會的基石。因為我們不斷挑戰自己的智識，所以大人小孩都勇於創新實驗；因為有持續的創新實驗，孕育出更多創意，後續也帶出來更多全新的點子與解決方案，可以處理各種不同的問題。而我們思考經常天馬行空，因此使我們具有自信，可以不斷創新發想。

上述的三種價值（或三種技能），就是創業所需的根基。少了這些，人不可能想出創新的點子，不可能想出全新的方式來解決眼前的問題。這也是以色列擁有全球最高人均新創企業數量的根本原因——**我們很會提出新點子，很會執行新點子，我們不害怕失敗**。

當然，光靠靈光一閃的創意，尚不能成就一家企業。還需要辛勤工作，堅持到底，以及縝密計畫。不過每一家企業都是從一個點子為起點展開的。這也是以色列人如此重視創意、自由思考、智識挑戰的原因，因為這三種技能是一切的源頭。當然，企業的成功並非來自單獨的一個人，而是群策群力的結果。

文化可以概略區分為強調個人風格的（例如西方國家）或重視集體意識的（例如大部份亞洲與南美文化）。通常會把華人歸類於集體意識文化。至於以色列，我覺得是個人與集體的綜合體。這兩種文化的教育觀念也有極大差別。

在集體意識文化裡，教育重點在於把個體融入一個強大的、凝聚的群體裡。在這點上，以色列和台灣情況很像，兩者都重視個人與群體的關係，都重視歸屬與熟悉感。還有，兩者都強調孩子要認識以及尊重習俗與傳承。

同時間，以色列也鼓勵另一套觀點。對我們來說，孩子的自我與群體同等重要，我們尊重孩子的個人權益，若孩子自己有了成就我們也會給予獎勵。我們鼓勵孩子發問挑戰大人，鼓勵他們對事情抱持自己獨特的觀點，鼓勵他們勇敢表達想法和發掘自己性格的特點，未必要與家族或群體的價值觀、傳統相符合。特立獨行是一種優點，只要別弄到所有人都討厭你就好。

這種價值觀滲入我們整個教育體系內，也影響了我們教養孩子的哲學。以色列和台灣文化之間最根本的差距，可能就在這裡。

幸好，以色列文化常見的創業家意識以及教育方法，可以普遍適用於各地。事實上，我這整本書就是在講這一點。

回到教育，我相信教育的黃金定律是「給孩子自由」。**到處亂跑、不受大人管束的自由**。**追求自己興趣的自由**——而且興趣未必要通往具體的目標，興趣未必要帶來成就和獎賞。**思考和表達意見的自由**。還有，最重要的，**失敗的自由**。

前面提過，創業精神的基礎之一就是創意。為了培養孩子的創意，必須讓他們享有自在玩樂的時間，不必一直遵照規定「這樣玩才對」。這也是「玩現成的市售玩具」和「讓孩子從周圍環境裡取材創造自己的玩具」之間的區別。換句話說，孩子遊玩時，到底是要遵循既有的規則架構，還是可以讓他們一面玩一面自行創設規則？

我們必須讓孩子彼此互動，不必遵守所謂「正確」法則。當他們碰到陌生問題時，讓他們自行解決。在一個什麼都規定得好好的環境中，孩子們的適應力、變通能力、自行解決問題的能力就無從發展。

我們在以色列常告訴孩子，不要害怕模糊和不確定的情況，反而要把它們當成機會，藉以培養自己解決問題的技能，提昇自己的信心，強化在逆境中堅持下去的毅力。

還有一些想法

以色列的文化是在極為獨特的情境下塑造出來的。台灣的情況也是這樣。不過，以色列和台灣之間確實有很大的不一樣。

我們兩個國家的文化都屬於淵遠流長的類型，兩個國家都面對領土糾紛以及充滿敵意的鄰國。以色列男女都要當兵，台灣以前也有義務役。以色列和台灣一樣，在歷史上都曾於短時間內接納數量極眾的難民或移民，並努力讓他們融入整個社會裡。而台灣也和以色列一樣，沒什麼資源，卻能把自己打造成高科技王國。兩個國家雖然各有難題，但都成功了。

這個情況告訴我，台灣和以色列一樣，天天面對著模糊與不確定，又缺乏天然資源，還有緊張的政治情勢。可是從創業的角度來看，這樣簡直太好了！我們必須接受這種情況。雖然在這種情況下會很艱難，很累，很挫折，但這樣的情境會驅使我們發揮創意，不斷想出嶄新解決方案，最後打造出一個成功企業。希伯來文是這樣說的：Yiheye Beseder，意思是船到橋頭自然直，一切到最後都會變好的。

我邀請你和我一起，透過本書踏上一個以色列的成長之旅，從一個三、四歲的孩子為起點，直到青年時代。你一定會覺得驚訝：**原來，任何年齡的人都可以培養、鍛鍊自己的創業技能**。是時候了，你專屬的「虎之霸精神」正在等你！

來自以色列的誠摯問候，

英貝兒・艾瑞黎 Inbal Arieli

目次

前言

「那是不可能的啦！」

只要聽聞「某事一定不可能的」，大部份人或許會知難而退。但如果你告訴一個以色列人：「這件事不可能辦到的。」然後，接著就會出現一個令人驚訝、如夢似幻、全力以赴的過程，這個過程最終或許無法達成原先預設的目標，但也不會相差太多。而且說不定最終達成的，比原先預想的還要好。

這一切都源自以色列的「虎之霸」（Chutzpah）精神。虎之霸是一種堅定的生命態度，從正面來看它是一種為了達成目標而有話就直說的風格，寧願不選擇政治正確。當然也有人認為它有點太粗魯、太自以為是。不管你是一個堅持要在家庭餐會上發言的七歲小男童，還是一位老練的、正針對一項交易提出創意辦法的企業高階主管，只要把虎之霸的精神運用得當——意志堅定、勇氣十足、相信任何事情到頭來都有解決的辦法——那麼天下就沒有難成的事了。

以色列社會從上到下都可以看到虎之霸精神的展現。它也是今日以色列這個科技大國之所以成功的重要因素。常有人說，以色列是「新創企業之國」，這個名稱非常恰當，因為以色列擁有全球最密集的新創產業，而且是美國之外世界排名第一的「全球創業中心」。

常有人問我：「為什麼以色列可以出現這麼多的創意？」或「以色列人為什麼永遠忙著在創新？」對於這兩個問題，我也聽過很多不同的解釋，有人說是以色列軍方高科技的影響，有人說是猶太人自古至今依然在實踐的做學問方法「從質問當中學習」。這些說法都有它的道理，但我知道的原因卻是：以色列人非常獨特的教養環境。我們生長在一種類似「集體部落」的社群環境裡，我們的童年充滿了挑戰與冒險，而這就是以色列創業文化的最核心因素。每個以色列人都有這樣的童年，也都有虎之霸精神。

過去二十年間我都在以色列的創業生態系統裡工作，收集到好多資料、故事以及他人的智慧。我一輩子的職場生涯都在和連續創業家合作，培育出以色列最優秀的青年世代。從我在以色列國防軍最精銳的科技情報單位「八二〇〇部隊」服役期間開始，到後來我主持無數的科技人才育成或加速計畫，又到全球科技大企業擔任高階主管，我自己也成了創業家。而且，我家裡還有三個充滿好奇心的男孩子要培育。

這麼多年來，我觀察到以色列的創業精神不停在深化，也找到了背後的關鍵因素。我的職場經驗使我堅決相信，創新與創業精神不是一瞬間誕生的，創新與創業精神也並非專屬於少數「有創新基因」的人。任何人只要具有一系列特定的技能——最好是從小就開始培育這些技能——那麼他就可以擁有創新與創業精神。

說真的，我是個母親，或許我的觀點會帶著偏見，但我認為「以色列為何擁有如此大量的創新與創業精神」這個問題的答案，就在以色列人養育孩童的獨特方式。

每個以色列孩子從幾個月大的時候開始，父母就鼓勵他們探索周圍的世界，自由自在，無拘無束。這種養育法說來容易，要真的去做就難了。我的老大約拿坦出生後我體會到：雖然我經常擔心他的安危，但我不應該把我的這份焦慮和恐懼傳遞給他。幸好當時我身旁有很多同樣是媽媽的朋友，她們也都決定不要讓孩子體會到自己的焦慮和恐懼，這才幫助我比較容易放手。我們身為母親，不但要保護孩子的安全，教導他們知識，更要培養他們真正的獨立。

我若想讓孩子真正獨立，意味著我必須知道何時開放手，不要攔阻他，讓他跌倒，讓他探索那些不太安全的地方，而且（當他準備好的時候）幫助他思考、理解他的探索經歷。這個過程，並不等於「如果你達到某個條件，我就放手」，相反地，是要讓他完全的獨立。要做到這點，真的很難。

孩子越長越大，他們擁有的自由也越來越多。本書稍後會說到，以色列人不怕冒險；為了增強我們的韌性與創意，為了最終獲取驚人的科學發明，我們願意犯錯。更重要的是，我們容許孩子犯錯。

Ψ

巴菲特曾說：「如果要去中東找石油，那不用考慮以色列。如果你想找的是人才，那只能去以色列。以色列已經向世人證明，他們擁有不成比例的巨大能量與聰明腦袋。」[1]

今日的以色列擁有全球最高比例的新創公司，每兩千人當中就有超過一家。換句話說，人口八百萬，面積約等於半個美國密西根湖的以色列，境內竟然有五千家本土新創企業，更別提還有數以千計的、已經成熟的高科技企業。

在世界經濟論壇的創新排序當中，以色列在一百三十八個國家裡面排名第三，著名的創新產品包含櫻桃番茄與滴灌法，USB 隨身碟、手機導航軟體位智（Waze），另外還有第一款膠囊內鏡及第一款線上聊天軟體等，不勝枚舉。

以色列整體 GDP 裡研發支出所佔的比例，高居全球第一。在職場人力的組成上，和 OECD 國家相比，也擁有最高比例的科學家及研究人員。另外，自一九六六年以來的諾貝爾獎得主中，有十二人來自以色列，遍布各個領域，包括化學、經濟、文學、和平等。其中一個特別的例子，就是魏茨曼科學研究學院（Weizmann Institute of Science）的艾妲・約納特（Ada Yonath）教授，她在二〇〇九年和同領域的學者文卡特拉曼・拉馬克里西南（Venkatraman Ramakrishnan）及湯馬斯・史泰茲（Thomas Steitz），因為針對核糖體（細胞中負責製造蛋白質的胞器）相關的開創性研究，一同獲得諾貝爾化學獎。他們的發現可以應用在治療白血病、青光眼、HIV 病毒、憂鬱症等疾病上。艾妲是以色列史上第一位獲得諾貝爾獎的女性，也是中東地區第一個在科學領域中獲獎的女性，更是四十五年來諾貝爾化學獎的首位女性得主。

以色列這個小國，在短短幾十年間，於科技及商業領域所獲得的各式成就，都帶來深遠且令人讚嘆的影響。例如以色列能吸引到的人均創投資金為世界最高，超越美國、加拿大及多數歐洲國家。即便以色列處在複雜的地緣政治環境中，全球投資人對於投資以色列高科技公司的信心程度高達世界第二，僅次於美國；目前有超過一百間創投公司及私人募股公司，正積極投資以色列的公司，其中有百分之八十五的資金都來自海外，大部分來自美國，但亞洲投資人的比例也持續增加中。截至二〇一八年為止，以色列在那斯達克上市的公司數量為世界第三高，僅次於國際強權美國及中國；境內也擁有超過三百家跨國企業的據點，Apple、Intel、Facebook、Google、Dropbox、PayPal 等知名公司都在以色列開設研發中心，招募在地人才。

上述這些成就，使以色列成為美國之外的另一個新創搖籃，尤其是在科技領域，因此以色列也享有「新創王國」（Start-up Nation）及「新矽谷」（Silicon Wadi）的美名。

以色列身為新創產業的重要基地，在家庭生活指數（Family Life Index）的評比上，也在五十個國家中位居第六名，該指數結合各項標準，包括教育品質、休閒活動、家庭狀況等。最後再提供一項有趣的數據：以色列的人均博物館數也是世界最高！

每個在以色列待過一段時間的人，都會感覺到，這個國家獨特的地方，並不只是巴菲特所說的腦力而已。以色列人活在當下，我們總是幹勁十足，成長於「有組織、有規劃的混亂」當中，我們也教導孩子冒險犯難的精神及創新的思考，鼓勵他們勇敢追夢。但這一切都有代價。

某天我到學校接我兒子亞登時，剛好遇到我多年的好友兼鄰居約拿單・艾迪里（Yonatan Adiri），他也在等他的女兒卡梅爾放學。

約拿單是以色列總統希蒙・裴瑞茲（Shimon Peres）的首任科技長，其實當時裴瑞茲並不是真的需要科技長，而是覺得應該把像約拿單這樣擁有聰明才智的人留在身邊，總有一天會用得到。身為科技長，約拿單領導以色列的科技外交，與世界各國的元首打交道，包括美國白宮以及南韓青瓦台等。他也負責處理總統對生技產業的長期政策，例如神經科學、免疫療法、幹細胞、生物資訊等。約拿單在成為總統的幕僚之前，就已擁有豐富經歷，包括在二〇〇四年的人質事件中，扮演重要角色，當時一名以色列國防軍的軍官艾海那・坦納鮑姆（Elhanan Tannenbaum）遭到黎巴嫩真主黨（Hezbollah）綁架，而約拿單正好是軍方外交單位的後備軍官。另外，他也擁有特拉維夫大學的政治科學及法律碩士學位，曾在路特智庫（Reut Institute）擔任資深政策顧問，而獲得這些成就時，他甚至還未滿二十四歲。近年約拿單則是創立了Healthy.io公司，擔任執行長。這是一間革命性的公司，提供簡便的尿液檢測方法，只要使用家中常見的醫藥包及智慧型手機就可以進行。這間新創公司很快便成為數位健康照護領域的領頭羊，它的智慧型檢測儀已獲美國FDA認證。此外，約拿單在科技及外交領域的領導能力，也受到世界經濟論壇肯定，他三十歲那年獲選為百大「青年世界領袖」之一。最近他創辦的新創公司Healthy.io也名列「科技先驅」（Technology Pioneer）之一，同樣獲選的還有Google、Uber、Dropbox、Kickstarter等知名企業。因此，約拿單坦又在二〇一八年獲時代雜誌選為健康照護領域最具影響力的五十人之一，也可說是意料之中。

約拿單和我一樣有三個小孩。我們一起走回家的路上，孩子們跑在前面，我們開始聊起在以色列成長的童年時光，以及在這個國家養育下一代又是怎麼一回事。約拿單告訴我，他是家中最小的孩子，上面有三個「人生勝利組」兄姐，但他並沒有太多壓力，並不覺得他需要證明自己。我開玩笑回答：「少來了，你不是十七歲那年就大學畢業了？」他回以一個微笑：「真的啦，雖然我很年輕就擁有成就，我卻不是被逼的。我父親七歲時從德黑蘭移民到以色列，可能是經歷過當時移民潮的艱困環境，他對人生有很堅定的信念，那就是不管你是做什麼的，都要努力做對的事，他對孩子的期望就是：不管怎樣一定要當個好人。」[2]

我們坐在點心攤附近的長椅上，附近人滿為患，大家讀完當天的報紙，便開始大聲爭論。他開玩笑說：「以色列人一定要先來點刺激，才能迎接一個安靜的下午。」

我也打趣回答：「一定要的啊，我怕我現在承受的壓力和挫折不夠了哪。」接著我問他一個我從寫作這本書以來，就一直在思考的問題。「約拿單，你覺得為什麼以色列人的情緒這麼容易就被挑起？這麼容易和素昧平生的陌生人激烈爭執？為什麼我們很難冷靜下來處理非緊急的、日常的狀況？」

約拿單回答：「這是個有趣的觀點。我覺得我們以色列人只有在面對壓力時，才特別有效率。比如我們的軍隊是世界上最有效率、最專業的部隊，可以及時執行作戰計畫；我們只要有一個想法，就能孕育出一間公司，募集到大量資金，組成團隊，幾個月內就上市上櫃。可是，我們卻常把所有事都當成緊急事件，還把大量的資源投注在其實根本沒有那麼緊急的狀況上，這點就說不上是效率了。我們總是急著處理緊急事項，就算根本沒有緊急事項時，也是這樣。」

他的回答讓我不禁思索：以色列人處理壓力的能力，是否是一把雙面刃呢？一方面我們處理危機的能力非常高明，另一方面我們總是期待最壞的狀況發生，這會讓我們無時無刻都處在壓力爆棚的情況之中。

我想釐清這樣的文化帶來的副作用。也就是說，在以色列這樣極端的環境中成長及生活，究竟會有什麼影響。我告訴約拿單：「以色列每個人都處在壓力下。還有，不管發生什麼事，永遠會有一大堆人圍上來要參與。」

他回答：「沒錯，彷彿每個人都覺得這是自己的事一樣，忙著處理眼前的情況、提供意見，還要爭取自己的意見受到重視，卻沒有意識到有時候可能只是在幫倒忙。」

我說：「真的！以色列人總是隨時準備好應付突發狀況，總是充滿警覺心，要是真的有狀況發生，或是只要隨便發生什麼事，我們就會自動進入緊急狀況模式，造成不必要的混亂。」

在處理緊急狀況時，「所有意見都一樣重要」是個非常棒的策略，因為這樣才能最快考慮到最多的選項，使得最後的決策雖然快速，卻不倉促。但約拿單的說法也對：以色列人總是喜歡把所有事都當成緊急狀況，這樣常會出現「分析癱瘓」的狀況，因為有太多人參與了，每個人又都覺得自己是專家，接著就會變成意見大混戰。約拿單認為：「以色列人算是假專家吧，意見太多，每個意見又都需要同等重視，很快就會出現分析癱瘓。」

我心想：這種行為習慣，背後一定有個合理的解釋才對。中東的地緣政治和以色列的建國歷史，孕育出一個效率至上、時時警覺、隨機應變、高度創新的以色列文化：沒有時間思考時，先拿出行動就對了。這樣的價值觀，不僅為生活中各式各樣的難題與困境，帶來豐富的解決方法，也造就許多成功的企業家。但這也代表，以色列人隨時處在一種緊繃的狀態，只要情況不對，就會馬上出擊。

在創業上，常認為「長遠規劃」和「即時決策」是兩種互斥、但需要兼顧的能力。創業家必須能看到未來願景，然後提前規劃；可是公司的日常實際營運裡，又必須隨機應變，以求創造巔峰（因為計畫趕不上變化，必須快速因應）。在擴大企業規模時，事前規劃和即時管理可說一樣重要，這表示必須因應環境與時機隨時做出適當反應，而不是事先建立一體適用的解決方法。在人工智慧運算蓬勃發展的時代，隨機應變代表我們必須使用一些判斷法則（人工智慧軟體運算法則當中常有這種仲裁法則），來模擬人類思維中無法預料的情況。隨機應變就是隨時、隨地做出調整。

以色列人從小就訓練隨機應變的技巧。所以我們永遠處於「開賽了」的狀態中，不斷挑選適當的下一步動作，並指揮身體的肌肉跟上。可是我們卻缺乏遠見。「遠見」和「當下思考」是兩種完全相反的策略，但全球各地的百年企業之所以能流傳永久，所仰賴的正是遠見思維。以色列人永遠是從明天的角度思考，而不是從數十年後的角度思考，所以我們的規模始終很難擴大。我們是成功的創業家沒錯，但還不是成功的大型企業經理人。目前還不是。

我把我以上的想法分享給約拿單之後，他告訴我：「給我們點時間吧。我們才剛學會幾種特定技能而已，包含提問、挑戰成規、激發創意、建立價值觀，還有培養其他各種成功創業家的技能。當然，我們也可以鍛鍊其他的技能，包含擴大規模、長期計畫以及其他企業管理技能，但這樣就必須拋棄那些我們曾經練習多年的技能——例如強調直覺勝過事先計畫。我們可能開始得有點晚沒錯，但是多多練習一定會改善的。」

那天晚上我接著想：這真的全都和練習有關嗎？以色列人處理危機的能力，真的能以「世代相傳的習慣」這個說法來解釋？還是說，危機處理是我們從小發展出來的技能，就如同從小訓練的肌肉？如果是的話，在人生其他階段也能學會嗎？在其他的環境中又會怎樣呢？

我們常常會認為一個創業家，例如某個像約拿單・艾迪里這樣的人，會是一個擁有絕妙創意的人。但事實上，每天都有數百萬個絕妙的創意、服務或是產品遭到埋沒與淘汰，而那個最終成為企業宗旨的想法，卻可能是偶然靈機一動的結果。

如果你在二〇〇八年之前，遇見耶里夫・貝許（Yariv Bash）、卡菲爾・達瑪利（Kfir Damari）、以及約拿譚・懷崔（Yonatan Winetraub）這三人（這三人當時還沒有決定要參加 Google 舉辦的登月計畫 Google Lunar XPRIZE），你可能會告訴他們：他們的計畫不實際，他們的目標不可能達成，而且這整個計畫根本就是亂搞。Google Lunar XPRIZE 登月計畫徵求民間的私募基金團隊，目標是要建立機器人太空傳登陸月球，在月球表面傳回高解析度的自拍影片及照片。要達成這個任務，成本估計至少三億美元，獎金只有區區兩千萬美元。因此來自世界各地的團隊一個接一個退出，最後 Google 宣布取消整項競賽。但是不論競賽取不取消，有一支團隊自始至終都沒有放棄：就是來自以色列的團隊，因為耶里夫、卡菲爾、約拿譚是在永不放棄的「虎之霸」文化中出生長大。他們努力了十年，成立了 SpaceIL 組織，終於完成一個狀似蜘蛛的無人探測器「創世紀號」。這不僅讓小國以色列成為繼美國、俄羅斯、中國之後，世界上第四個擁有登月計畫的國家，也是世界上第一個飛往月球的民間探測器。更厲害的是，整個計畫的預算不到一億美金，根本就只是美國、俄羅斯、中國等國太空計畫預算的零頭。

這三個以色列人的想法和虎之霸的精神一樣，連天空也不能限制他們。

在這個例子中，「虎之霸」代表的是，參加一項競賽，但心中卻擁有和競賽目標完全不同的目標。雖然是受到 Google 啟發，但 SpaceIL 的目的，卻從來不是該競賽的目標，也就是朝月球發射一個探測器並傳回照片；而是要透過這個機會，建立相關的教育計畫，以達成更遠大的目標。如果創世紀號能登月並完成自拍，這只是起點，因為 SpaceIL 是由慈善人士捐款創立的非營利組織，任務是在以色列推廣科學及科技教育，提供各式課程（從活動營隊到 SpaceIL 的實習機會都有），目前已經發掘數萬名對航太、天文及其他太空相關領域感興趣的兒童。

「虎之霸」也代表在缺乏相關經驗，對於細節也沒有通盤瞭解的情況下，就決定參與大型競賽計畫。三名創辦人都沒有航太領域的相關經驗，約拿譚是史丹佛大學的博士生，研究題目和癌症相關；卡菲爾則是在資安新創公司 Tabookey 擔任產品及策略長，耶里夫目前擔任無人機貨運公司 Flytrex 的執行長。那麼為什麼他們當時會突然決定成為航太領域的企業家？因為他們覺得接受新挑戰會很有趣。

「虎之霸」還代表用手邊既有的資源迎接挑戰，並在發生突發狀況時隨機應變。創世紀號若要順利抵達月球，必須經過一段為期兩個月、長達四百萬英里的旅程，慢慢調整軌道，到達月球外圍，讓月球的重力將它吸入月球軌道，最終登陸寧靜海。其實月球距離地球只有二十五萬英里，但是預算限制使創世紀號必須繞遠路，因為探測器是搭載於印尼的通訊衛星 PSN-6 上一起發射。

「虎之霸」更代表鼓勵他人，以一個想法說服他們加入團隊，不管這個想法可能有多瘋狂；也代表相信這段旅程，以及這段旅程所帶來的任何意外結果。「虎之霸」會大喊：「耶，開始吧！」就讓我們往下跳，看看會到哪邊吧！讓我們奮力追求、彼此鼓勵！讓我們達成不切實際的目標，努力讓這些目標成為現實！

二〇一九年四月十一日，創世紀號展開登陸作業，全以色列都屏息以待。創世紀號傳回了一張照片，背景是月球、以色列國旗、還有一行標語寫著「小國家，大夢想」。可惜在登陸過程的最後時刻，創世紀號的主引擎突然熄火，探測器就這麼墜毀在月球表面。即便遭遇這樣的挫折，SpaceIL 仍然持續研發創世紀二號，而且三名創辦人也教了全世界重要的一課：讓世界瞭解「虎之霸」以及這項特質背後的潛能。

因此，擁有想法確實是必要的。但背後的創業精神也扮演非常重要的角色，創業精神就是實踐想法的能力，要把想法化成具體。而在這個過程中，企業家需要運用各式技能，其中某些技能他們可能從來沒練習過。根據世界經濟論壇的調查，所謂的社交技能，包含說服力、EQ、教導他人等能力，在這個時代都越來越重要。

我把這些技能用身體來比喻：每個人都擁有相同的肌肉結構，但使用方式卻天差地別，有些人會選擇某些特定部位的肌肉進行強化。如果大人從小就鼓勵你提問並挑戰成規，那麼你的好奇心肌肉就會訓練得特別好，那個部位會特別協調，你也會知道怎麼使用。但是即便你沒有從小就開始練習某項運動，也不代表你在之後的人生中就無法學會這項運動。同樣的道理也能應用在創業所需的重要技能上：練習、強化、並培養這些技能，永遠不嫌晚。這些技能就潛藏在身體深處，你只是要得知它們存在，並且嘗試使用就好。而這本書將會教你怎麼做。是時候召喚潛藏在你身體深處的虎之霸精神了！

Ψ

我誠摯邀請你一起加入這段旅程，從典型的以色列童年為起點。在這段過程中會看到，以色列人的生命歷程和現代企業的發展歷程，竟然是奇妙地相似：從發掘、探索目標市場與價值主張，到企業精神的具體實踐——為了達成效率必經的試驗除錯過程、想要達成世界級企業的規模及長遠發展、最後的企業轉型階段等。

以色列社會和世界各地的各種產業相同，都由不同的個體及價值觀組成。因此我在本書中描述的經驗及態度，可能會和其他以色列人的觀點不同。然而，我提到的重點及原則都是從以色列的經驗中汲取而出，保證能對所有已在企業中謀得一席之地，或將來想要謀得一席之地的讀者，帶來很大的幫助。

中國知名企業阿里巴巴的創辦人馬雲最近造訪以色列之後，提到他在以色列學到兩件重要的事，就是「創新，以及『虎之霸』：面對挑戰的勇氣。」[3]

不管你有沒有機會拜訪以色列，都可以把本書當成練習「虎之霸」及創業技能的起點。Yalla！＊就讓我們開始連結、培養、強化你的「虎之霸」和創業技能吧！

＊ 作者註：Yalla 這個字可以直譯為「走吧！」（Let's go!），最常用於「開始吧！」或是「快點動起來！」（Hurry up），也就是用來表示一種「快點實際動手處理問題」的渴望；也可以表示催促、急迫、熱情，或是單單用來表示實際等。這個字最初是由埃及文演變而來，因為在埃及文、波斯文、土耳其文、希伯來文等語言的電影、電視節目與俚語的口語表達中相當常見。

第一階段

發現

你覺得，「發現」是什麼呢？是發現某件從來沒人知道的事情嗎？還是發現某件你不知道的事情？對我而言，「發現」就是那種「靈光乍現，啊哈！」的時刻，在這種時候，一個個單獨的小點會突然用一種出乎意料之外的方式連接在一起；在這種時候，我明瞭了自己從未曾知道的事情。我在職場、個人生活中都有過幾次這樣的時刻。如果你在這種時刻看到我，你會發覺我的眼睛發亮，臉上全是喜悅之情。大多數人若發現了新的點子或新的解決方法，也都會覺得非常興奮。

在我和許多公司經營者與創業家合作的經驗中我體會到，他們的「發現」多半源自需求：或者是自己面臨問題，或者是察覺到別人的問題。而只要他們能夠把一個個的點連在一起，神奇的事情就會出現。他們會著迷於自己想到的點子。但是，光只有發現還不夠。

因此當我靈光乍現時，我會開始問自己一大堆問題。例如，我的發現跟別人有關係嗎？跟誰？我能夠評估出怎樣找到有效益的解決方式、做出比之前品質更好的產品或服務？我需要克服的是什麼？我是否具備我需要的資源？只憑我一個人做得到嗎？還是我想要找誰一起完成？我真的想冒險一搏，賭上跟這個案子相關的機會成本嗎？我手上已經有所有我需要的資訊嗎？等等諸如此類的。我不斷問自己這些問題，在這個階段，我越是想建立起有條有理的流程，就越發精力耗竭，對於新的發現也漸漸失去興趣。

現在讓我們想想，小孩對於新發現會是什麼反應。他們在「啊哈」的當下，會眼睛閃閃發光，充滿動力與熱情，只不過他們不會問自己太多問題，憑直覺就去做了。他們不會停下來想東想西，而是盡可能收集能找到的資源，可能多半來自朋友，然後開始行動，沿路清除障礙，過程順暢無比。他們完成的越多，眼睛就越發亮。

我們為什麼不學學他們呢？

第一章

拿廢棄物來玩

一九五〇年代，士德伊里亞胡（Sde Eliyahu）是一個位於以色列北邊、離約旦邊界不遠的集體農場，這裡有一位年輕的德國移民，為她的幼兒園發展出一套獨特的教育方式。

當時這裡是一個很窮的聚居地，居民雖然沒什麼錢，但很有想法。瑪卡・哈斯（Malka Haas）分配到的任務是籌建這個集體農場的第一個幼兒園，不過經費很少。哈斯想了一個非常有創意的解決方案，而且這個方案很快就成為以色列幼兒教育的標準設施。

哈斯沒有採購昂貴、工業化生產的玩具，而是從家裡、田地、集體農場的工作坊找了一些器具放在學校的空地。這些器具先前狀況良好的時候，農場上的大人們都使用過。廢棄物回收場的概念就此誕生」，而且從這個概念衍生出一個完整的教育理念：拿廢棄物來玩。直到今天，在以色列各地的托兒所、幼兒園都可以看得到這種回收場。

如果你去過以色列的幼兒園，就會發現一個用柵欄圍住的區域，裡面有舊家具、拖拉機、梯子、床、輪胎、桶子、舊火爐、鍋子、茶壺、餐具、布、籃子、油漆罐、紙張、吸管等等。這些東西看起來破破爛爛，完全不吸引人。

但如果你觀察在那裡玩的小孩，會注意到幾件事情。第一，他們很喜歡在這裡玩。有些孩子會同時拿好幾樣東西來玩，有些就只專注在某樣物品。大部分小孩都是一起玩，雖然有少數孩子自己單獨玩耍。他們遊玩時非常專注投入，活力滿滿，一玩就玩好幾個小時，一直挪動、使用這些舊東西。第二，你會發現他們散發出來的那種專注與創造力，在使用現成玩具的小孩身上是看不到的。你會看到他們巧妙操弄著這些物品，或許直接拆解開，然後用各種不同的方式來使用這些東西，可能跟物品原本的功能沒什麼相關。他們才不管什麼操作方法，也不管怎樣做才正確，更不管別人先前是怎麼做的，就只是靠自己摸索，按自己想法去做，創造出任何自己想要的東西。一台舊的微波爐可以變成太空梭的儀表板，由一個四歲的小女孩操控，她的朋友則是太空梭的駕駛員；一個汽車輪胎可以成為兩個男孩跳舞的舞台；鍵盤樂器的琴鍵被四個小孩拆開，當作有特殊魔法的石頭。

在廢棄物回收場，小孩會假裝自己身處於大人的世界中，可是同時又可以自由地嘗試各種用法。孩子在無拘無束玩這些老舊器具和家用物品時，一方面可以瞭解這些東西的材質還有內部是如何運作，另一方面，在這些過程中可以瞭解到因果的關係。

但是拿廢棄物玩不是只有讓孩子發揮實驗精神。瑪卡・哈斯說，「這還跟全人發展有關，包括：肌肉與感知、情緒與智性、個人發展與人際互動」。[1]在廢棄物回收場，小孩會重現他們觀察到的大人互動模式，模仿大人的人際關係、社會地位、性別角色，或他們在現實生活中看到的其他成人之間的互動。

如同我在前言所述，我相信以色列的孩子跟世界上所有兒童一樣，很早就開始發展他們的創造力，可是許多國家的幼兒從小被保護得好好的，比較少有機會可以盡情發展創造力。相形之下，以色列人允許小孩周圍出現那些可能具有危險性、不適合他們年齡的東西。這使得他們有機會可以盡情鍛練創造力，從幼年時候就開始發展社交與創造力的技能。伊索貝爾・凡・德・庫普（Isobel van der Kuip）與英格麗・維賀爾（Ingrid Verheul）這兩位研究學者發現，孩子的性格「在幼兒階段是可以特別加以塑造的，所以早期的教育在人格特性方面，或者更精確的說，在創業特質方面的發展，是極為重要。」[2]

那麼，玩那些壞掉的電腦跟老舊的衣架，為何能培育出企業家的特質？你可能完全沒想到，拿廢棄物來玩可以發展出一整套創辦企業所需要的能力，包括：風險管理、獨立自主、化解衝突、團隊合作等等。接下來我會一一解釋。

創建歷史的力量

一般幼兒園的遊戲區都是有固定的設施，各項器具的目的都很明確，而且是仿造現實生活中的用品，但是「拿廢棄物來玩」的教育方式則是賦權給孩子。在廢棄物回收場玩的以色列小孩，即使才兩歲，也具備了教育心理學家薇樂莉．波拉科（Valerie Polakow）所說的「創建歷史的力量」，意思是：他們有能力改變環境。

以色列的孩子只要開始玩耍，就一定會改造身邊的環境。他們會用金屬桶子、汽車輪胎跟夾板搭建成房子、城堡或汽車之類的東西。把兒童安全座椅放在咖啡桌上，用大的鐵罐當成頭燈，然後加上一個真的方向盤，你可以想像得到一輛四輪驅動的車是這樣做出來的嗎？後來這輛車又被拆解掉，做成一個手術台，或者火箭發射台。讓孩子自由建造與改變周遭的東西，絕對是賦予孩子權力。在這樣的環境中，每個孩子都有機會變成有創意的創業家。

這樣安全嗎？風險管理與玩樂

身為三個男孩的母親，我可以證明這是千真萬確的：要相信小孩有能力做到，還要鼓勵他們獨立，是我遇到過最困難與最重大的一項挑戰。但是在以色列教養小孩不但是非得這麼做，而且是容易多了。

第一次到以色列的人，若是看到幼兒園裡的廢棄物回收場肯定會瞠目結舌。破爛的拖拉機、水泥材質污水排放管、磚頭……整個回收場看起來就像是個大垃圾場。不過，讓小孩爬上椅子、操弄那些笨重的木頭器具，還有玩生鏽的鍋碗瓢盆，等於是讓孩子有機會去經歷危險，衡量危險何在。像這樣的風險管理，就是一種賦能的經驗，只有夠幸運的小孩才能有個廢棄物回收場，任憑他遊玩。玩的過程中小孩可能會受傷，這點無庸置疑，但是受傷本來就是生存的一部份，而人生必然是充滿了各種危險。

我們成人能夠應付危險，避免受到傷害，這是因為我們已經學會風險管理的技巧與方法。透過練習，小孩也能學會如何面對危險、小心謹慎、知道「危險」與「可以做」的界線。把孩子的安全交託在他們自己手上，就是告訴他們，我們信得過他們，所以他們可以相信自己。這是一個給予小孩極大權力的訊息。

但以色列幼兒園裡的廢棄物回收場也不是隨便為所欲為的地方。那裡有明確訂定的場地規則，只要好好遵守，就可以自由去玩。場地規則是普遍可適用於各種不同的情況，例如：要常常確認建造的東西是否穩固；會動的輪子下面必須放置阻擋物；繩子只能綁在一個小孩的腰上；要投擲東西的話，只能在空地投擲。這些安全守則是輔助孩子出於自發的行為，而不是糾正。

相互合作與衝突化解

把家用的廢棄回收物搬來搬去，對學齡前的小孩來說並不是一件容易的事，需要孩子們互相合作，朝共同目標一起努力達成。瑪卡・哈斯記得有一次看到四個小女孩在搬一個老舊的門。她們感覺得到這扇門非常重，所以立刻就知道必須合作才搬得動。藝術家阿門諾・齊伯爾（Amnon Zilber）在一次受訪中提到他小時候在集體農場的廢棄物回收場玩樂的經驗，他指出，只有在這種情況下，孩子之間才可能出現以下的合作方式：有一項耗費體力的工作，某個小孩必須跟其他小孩組成一個同心齊力的團隊，才能合力完成。他回想說：「那些都是複雜吃重的任務，我記得當我們成功完成時，我們整個團隊超有成就感的……坦白說，直到現在，我都還記得那種賦權的感覺。」[3]

要完成這種大型任務，孩子也必須學習如何消弭衝突。在廢棄物回收場，孩子要學會去適應其他孩子的需要、想要和限制，而自己的期望通常總是跟其他小孩的相抵觸。這種困難、麻煩的狀況剛好製造出學習的機會。孩子在廢棄物回收場遇到的挑戰，就是要找出有創意的解決方法，讓所有的孩子都可以接受。

為什麼企業家要拿廢棄物來玩？

「拿廢棄物來玩」並不是什麼教學工具。它是一種兒童教育的理性思考方式，讓孩子能夠檢驗自己的能力，學習與其他孩子相互合作，進而培養創造力，像大人一樣過生活。以色列人不會把小孩教成創業家，而是培養他們長大後具備成為成功創業家所需要的能力。

第二章

亂七八糟的芭樂乾

我四歲的時候隨同家人搬到日內瓦住了三年，在那裡上幼兒園。到現在我還記得上學的第一天，有位和藹可親的老師牽著我的手，向其他小朋友介紹我。我還不會講他們的語言，但大家臉上的笑容讓我覺得很溫暖。老師告訴我背包與便當盒要放在哪裡，還帶我去遊戲區，指著那裡有鞦韆、旋轉木馬和溜滑梯。

我們走到溜滑梯旁邊時，老師叫一個小女孩來示範溜滑梯要怎麼玩：小女孩從階梯爬上去，等到她到達溜滑梯最上面的時候，老師才示意換我走上階梯。我爬到最上面的階梯之後，那個小女孩已經滑到下面去了。顯然老師的意思是，這時候才輪到我滑。整個過程很安全，井然有序，也很好玩。但是，我在以色列的時候就已經常常玩溜滑梯了，而且玩的方法不一樣。

如果你有機會到以色列的兒童遊戲區，花半個小時看小孩在那裡玩，肯定會嚇到：亂到不行。你會看到小孩走上階梯，從溜滑梯上面滑下來（世界上大部份的孩子是這樣玩的），不過你也會看到小孩是從滑梯那邊爬上去（而不是滑下來），從攀爬遊戲架的邊邊爬上去（而不是從階梯上去），或者是站在鞦韆上玩、到處亂跑、亂吼亂叫、根本不排隊。

令人吃驚的是，大人不太出面管小孩要怎麼玩，他們不會叫小孩要從階梯那邊爬上去或是要怎麼溜滑梯（不像我在日內瓦的老師），小孩要是不按照「正常」方式玩遊戲區的設施時，大人也不會加以糾正。這種不加以干涉的方式，顯現出以色列文化中的兩大特點：高度容忍不遵守常規的情況，以及 balagan（亂七八糟，以下使用音譯「芭樂乾」）的情況。

balagan 一字是從俄文借用而來，現在已經是以色列常見的用字，指的是一團混亂，完全沒有預先安排好，每個人（甚至整個群體）的行為舉止都是自發性地展現出來。在以色列到處可見 balagan 芭樂乾，這點就證明了它其實是個還不錯的優點。

對以色列人來說，芭樂乾是一種生活方式，並不只見於孩子們身上。以色列人不像其他人，他們並不覺得沒有次序、一團亂是不好的，芭樂乾反而展現出一種非常具有彈性、相容並蓄的體系：不嚴格遵守行為舉止與遊戲的規範，反倒培育出一種不確定性，鼓勵人在面對人生變化無常時知道如何應變。雖然這聽起來有點違反人的本性，但如果沒有芭樂乾的話，我們要如何學會處理衝突與紛爭？

總是有辦法的

孩子從小就被教導各種社會規範，例如家庭互動、社會上的人際關係，甚至玩耍也有規範。他們被教導某些玩具是玩某些遊戲時用的、某些物品要固定放在哪個地方，還有做某些事情時怎樣才是正確的方式。例如在遊戲區玩耍時不可以推其他小孩，不可以插隊或亂吼亂叫；還有，要以正確的方式使用各項設施，像是溜滑梯要要用溜的，階梯是用來爬的。這種教導方式有其優點，能夠培養出有禮貌、有條有理、細心體貼的孩子。

但在另一方面，芭樂乾可以讓孩子學到：沒有什麼是一定要這樣或那樣的。誰說你不能爬溜滑梯的滑梯？誰說一定要對人有禮貌？少了服從權威這種讓社會與個人行為循規蹈矩的規範，以色列人因此學會了自由表達、不懼怕變動的精神。小孩在發展表達情緒、需要與想要的能力時，如果大人不做任何界線的限制，孩子才能培養出來自由表達的能力。人生最確定的，就是不確定性，世事永遠難料，孩子得知道如何因應突如其來的變化。

我相信，與混亂共存，可以讓孩子學到許多事。我認為芭樂乾能促進小孩和成人的創造力、解決問題的能力，以及獨立自主的能力，而這三點是創業者所需具備最重要的特質。我常會要求我的團隊、同事、孩子，甩掉平常的包袱，亂七八糟胡搞一下，來增添一些樂趣。

芭樂乾有什麼益處

我得先說，就算有了芭樂乾，也不一定能造就出「自由思考」與「創造力」。但是就像拿廢棄物來玩所帶來的好處，已有科學研究證明兩者之間的關連。近期有實驗研究亂糟糟的環境對於行為的影響，證明井然有序的環境可以培育出符合規範的行為舉止，但是一團亂的環境則可以刺激新點子的產生。雪莉・柏力塔（Shirley Berretta）與蓋兒・普里維特（Gayle Privette）關於孩童創造力的研究顯示，相對於按照既定的遊戲規則玩耍，隨心所欲的玩耍可以激發出更多的創意思考。

隨心所欲的玩耍，不管是正在排隊，還是玩玩具，想到怎麼玩就這麼玩，這樣會創造出不確定性，也就是不知道接下來會變成怎樣。這不只是一種互動上與頭腦上的挑戰，而且更有樂趣，因為可以把周遭的東西也拿來玩，說不定更叫人驚奇。在一個秩序井然的地方，晚到的小孩自然是排隊排在最後一個，小孩彼此不會出現什麼互動，因為規矩已經設定好這時候小孩應該怎麼做。如果沒有這樣的規矩，若有小孩想加入，其他孩子會突然得面對新的狀況，並且產生互動。其他孩子會想：這個新來的要幹嘛、需要什麼、厲不厲害。由於沒有既定的規矩可言，大家就得自己想辦法解決。換句話說，在這種不確定要怎麼互動的情形中，孩子更能發展出解決問題的技巧，更不用提在面對困境時要具備的自信與堅韌。

我現在住在地中海邊的特拉維夫，我們常常全家一起去海灘，小孩們很喜歡在沙灘上玩，在那裡蓋城堡，挖洞讓海水流過去。我最近注意到一個有趣的現象：來到海灘的外國觀光客都會幫自己的孩子帶整組色彩鮮豔的塑膠模具，像是城堡的塔樓、金字塔、海星之類的，小孩就用這些現成的模具蓋出非常漂亮的建築物。但是以色列的小孩都只帶個桶子跟鏟子，剩下的就自己做。你會發現，以色列的小孩沒有模具，反倒做出更奇特、異想天開的構造物。如果預先準備好了用具，讓孩子直接按照模組做，或許就沒有什麼驚奇之處；如果給孩子的是一些基本的用具，讓孩子自由發揮，想做什麼都可以，反倒出現滿滿的驚喜。

「亂糟糟」正夯

以色列人在日常生活中常常用到 balagan 芭樂乾這個詞，在各處都可以看到這種狀況，包括在超市等結帳、上公車、去公家機關、參加示威遊行都是。少了社會規範與循規蹈矩的要求，難免會引發衝突與挫敗，但同時也會需要當場因應特殊狀況來解決問題。

愛因斯坦曾說過一句名言：「如果桌子亂七八糟代表的是頭腦亂七八糟，那麼空蕩蕩的桌子代表什麼呢？」[1]就像潘娜洛普．格林（Penelope Green）在紐約時報發表的研究成果顯示，「亂七八糟的桌子，是有創意、頭腦靈活的人的顯著特徵。」一順帶一提，這類人賺的也比桌上井然有序的人多。[2]格林並引用了神經心理學家傑洛德．波洛克（Jerrold Pollock）的論述，主張「什麼事情都規範得好好的，只是代表想要無視、想要掌控生命中的變化無常，但這麼做是徒勞無功的」。

格林與波洛克都講到了一個重點。我身為創業者，親眼見證在創業過程中出現一些混亂的階段，並沒什麼不好，反而有很多益處。我在幫一些早期創業家上課時，會要求他們每天換個位置坐，看看有什麼不同。我不要他們坐在已經分配好的固定位置，旁邊看到的都是固定的面孔，而是要他們更換位置坐。他們突然從不同的角度看到彼此，也從空間中各種不同的地點看到與聽到一些不同的東西，還有，旁邊接觸到的人也會不同，結果創造出新的機會，產生新的連結與印象。這個小小的練習目的在訓練大家如何面對不確定性，而且讓每個人在團體課程收穫不少，效果很好。

如果人生本來就是變化無常，那為什麼不好好培養面對不確定性的必要能力？這樣不是比嘗試建立規範更有用？從這點來想，混亂失序其實是比較有彈性、適應性也較強，不像井然有序，其實是不堪一擊，只要一偏離設定好的界線就會瓦解。芭樂乾的精神會鼓勵我們去適應與接納新的、預料之外的界線，也鼓勵孩子與我們持續不斷檢視自己對於「井然有序」牢不可破的偏執與看法，同時也讓我們想想其他的可能性。

艾瑞克・亞伯拉姆森（Eric Abrahamson）與大衛・佛里曼（David H. Freedman）合著的《亂才是好》（A Perfect Mess）指出，「沒那麼有條有理的人、組織或團體，只要不會太超過，往往結果比起井然有序的個人或團體更有效率、適應力更好、更有創造力，戰鬥力也更強」。[3] 針對不同環境帶來的影響所做的研究也顯示，雜亂無章與做出正確的決定之間有正面相關。

珍妮絲・丹妮格里諾特（Janice Denegri-Knott）與伊麗莎白・帕森斯（Elizabeth Parsons）也主張，外在亂糟糟並不代表頭腦也一片混亂，反而是可以更好好思考。他們認為芭樂乾可以鼓勵我們不斷檢視「事情要安排得條理井然」的這種偏執與想法，並且也讓我們可以想想是否有其他替代的可能性——不論是細微的小事，從孩子口中說出的話，或者是在家裡或職場上。[4] 這不就是創業家的精神嗎？

第三章

玩火

升火是全世界小孩都喜歡玩的有趣活動。儘管有些地區對於小孩要碰火這件事是非常戒慎恐懼，認為應該要盡量避免，但是以色列爸媽可是非常鼓勵孩子自己去燃點火堆。

在猶太人的篝火節（Lag B'Omer）之前的好幾週，以色列小孩就開始做準備。他們不需要爸媽提醒，自己會負起全責，收集木材、找尋場地、買好食物，相互告知訊息。因為如果沒有在幾週前先開始準備，到時就會找不到好的木材可以升火，而且好的場地也沒了。在篝火節的晚上，小孩會去打掃場地、燃起火堆，打理好一切，讓篝火整晚燃燒。孩子的爸媽呢？他們要不是遠遠待在一旁，就是在家裡睡覺。

人人都喜歡升起營火

我的小孩超喜歡篝火節，對他們這年齡的孩子來說，這是個費時三到四週的大計劃，複雜又費勁，不但需要體力，還需要耐心、敏捷的頭腦與團隊合作。雖然孩子們對最後的成果都會深感驕傲，他們並不會特別吹嘘自己做得多好。事實上，就算得到父母或其他大人的稱讚，他們大多就聳聳肩，沒什麼在意地說：「喔，katan alay。」這個希伯來詞彙的意思是「沒什麼、小事、小意思」，通常用來形容毫不費力就完成了某件值得稱讚的事。從字面上來看，這兩個字的原意是「對我來說是微不足道」，還可以變化為更普通的意思（例如baktana，微小）。以他們年紀而言，算是完成一件了不起的事情，但為什麼會使用暗含「小」這個意思的用語來形容？或許這是一種增強信心的世故方式，因為要達成的任務很複雜、困難又累人。

在這個篝火節的四週計畫中，首要目標就是收集木材，而且是要收集很多才行。我們住在特拉維夫，附近沒有森林，以色列父母也不可能去幫小孩買木材。那麼小孩要去哪裡找木材呢？有些人會去附近的樹林裡試試看，或者去回收舊桌椅的資源回收場去找看看；他們也會去店家或學校後面看看，或者其他他們覺得可能會有木材的地方找找。不過大多數孩子都知道哪裡找最方便。他們會去保證有很多免費木材的地方找：建築工地。

聽起來很瘋狂，但在篝火節前幾週，你會看到成群的小孩在各個建築工地穿梭。他們收集裝卸用的木頭棧板、破損的木頭箱子、樑木，還有任何可以撿回去用的東西。接下來要面臨另一個問題：如何把這些東西搬到燃點篝火的地方？腳踏車不夠大，又沒有貨車或手推車，爸媽也不會讓自己的車子塞滿這些木頭碎片跟破瓦殘礫。那最好的辦法就是用……超市的手推車。

我們無法想像紐約或波士頓的街頭上到處是小孩成群結隊推著超市的手推車，裡頭堆滿了他們從建築工地「徵用」的木材。在以色列，這是幾乎整個五月都會見到的真實景象。在街上看到他們忙東忙西是很正常，沒有人會加以干涉或斥責。整個節日的高潮過後，也就是篝火節的那天晚上之後，我們知道小孩會把推車物歸原主，還給超市。

接下來孩子要做的是，找到某個空地，並且標明這裡就是他們要升篝火的場地。我家附近唯一的戶外泥土空地是在一個大型加油站後面，好幾十年來，鄰近的小孩都是在那裡燃起篝火。

篝火節的傍晚景象的確令人難忘：才剛接近黃昏，空地上已經到處都是篝火，孩子們繞著火堆轉來轉去。有些火堆很小，小到只能夠烤個棉花糖，有一兩個火堆則很大，木頭堆成圓錐形帳篷的形狀，大約有一個成人高。大人多半遠遠站在後面，走來走去，吃著西瓜或玉米。在我們家附近，這樣的景象可是司空見慣。這就是以色列各地慶祝篝火節的方式。

篝火可以讓大家聚在一起，使得夜晚明亮如晝，充滿了溫暖，不過世界上每個地方升起營火的方式各不相同。在美國，必須要遵照嚴格的規則才能升起營火，美國孩子必須要將營地規則熟記在心，才能開始升火。擔任美國女童軍團長超過二十年的克莉絲．蓋依（Chris Gay）說，美國的升火規則包括「不可以在火旁邊玩，不可以跑來跑去，不可以發東西。衣服要合身，帽T的抽繩要綁妥，也不可以是尼龍的，因為很容易著火。場地也很重要，營地火堆周遭的三、四呎範圍內，樹葉與樹枝都要綁起來捆好，因為一點點餘燼都有可能燒起來」。克莉絲解釋，最安全的升營火方法，就是把木材堆成A字形，而這是由督導的大人負責來做。小孩必須待在距離營火三、四呎遠的地方，那裡有椅子可坐，而且最重要的是，必須沒有雜物。蓋依說：「他們只有煮東西的時候才可以靠近火。」[1]

如果她去參加以色列的篝火節，大概會心臟病發。

典型的以色列

在這個大日子，成群結隊的小孩會在太陽下山前集合，開始堆起他們收集來的木材。如果是小學生，爸媽可能一開始會在旁邊待個幾小時。等天色變暗，孩子開始生火，這時爸媽就只是坐在後面，讓孩子自己去弄。升火這件事需要通力合作，每個小孩都有事做，不是忙著收集木材碎屑和雜草，就是在劃火柴點火，或者在火剛點著時輕輕吹氣讓火變大。整個晚上孩子們就這麼忙來忙去，還要估算木材的存量夠不夠一直燒到天明。他們還得決定何時該把用錫箔紙包著的馬鈴薯放進火裡烤，以及黎明時分如何滅火。

這麼辛苦忙碌的回報，就是絕對的自由與無限制的玩樂，他們會圍坐在火邊聊天、玩遊戲、唱歌。只要想像一下這是什麼感覺：自己負責照顧篝火，同時要注意安全，接下來就是好幾個小時的活動，整晚不睡，待在戶外，爸媽不在旁邊而是跟朋友在一起。一年一度的篝火節是我童年時期最棒的回憶，也絕對是我那三個男孩最喜歡的節日。

這樣真的好嗎？

很多人或許會批評這個節日，畢竟玩火很危險，不應該讓小孩去負責自己的安全。「規則」跟「標準作業程序」這些東西會出現，都是有原因的。只不過以色列人傾向讓孩子從經驗中學習，不是透過詳盡的教導。讓孩子自己去學習用正確的方式處理像是火這種危險的狀況，我們相信他們會學到更寶貴的經驗。首先，孩子要知道，火是危險的（像很多事一樣），但是如果處理得當，就不一定是那麼可怕。再來，這個世界是他們自己要去摸索的，爸媽沒法每一步都跟在後頭。

以色列人普遍對於篝火節的態度都是鼓勵小孩發揮所長，獨立、自由、勇敢去體驗。在美國的營火旁，大人可能會阻止小孩把紙箱丟進火裡，同時告誡說這樣會弄得到處是煙，但在以色列的篝火旁，沒有大人在旁邊監視的小孩，很有可能就把紙箱丟進火裡，看會怎樣。後來發現會弄得到處是煙，之後孩子們就絕對不會再這麼做了。

就像「拿廢棄物來玩」一樣，孩子可以自由地用各種東西來實驗，親身學到世界是怎樣運作。這種責任自負的自由，是父母送給他們的一份禮物，但這樣的自由也伴隨著教導他們關於責任的寶貴經驗。他們會學到如何處理不可預知的狀況，例如跟其他孩子一起升篝火、在社區的活動中幫忙、跟同學一起合作達成共同目標。整體來說這是一個很好的機會，可以讓孩子更瞭解自身的能力與自由，同時又可以增強群體的認同感。

走到野外

以色列的小孩，包括年幼的兒童在內，不只有像篝火節這樣的節日才能無拘無束在戶外玩。他們一整年都可以單獨或與朋友一起在外面玩，而大人不會在旁邊。我的孩子從大約五歲開始就常常自己跑到附近遊玩，通常到了傍晚，準備吃飯了，我再叫大兒子（現在十七歲）去把在外面玩的弟弟們叫回家。他知道弟弟會在哪裡，例如學校操場，那裡小孩可以玩個好幾個小時；或者在遊戲區、商店街。他雖然不知道他們確切的位置，但有把握一定可以找得到他們。大人不管小孩在哪裡，或者不知道他們跑去哪裡，這聽起來或許很不負責，但在以色列，在外面玩而沒有人管，是很正常的事。小孩跑到外面去不是只有在玩而已，我九歲的小兒子會在放學後帶狗去散步，他的兩個哥哥則是負責在早上跟傍晚遛狗。

在外面玩，對身心都是挑戰，這是以色列人讓孩子自己在外面玩的原因之一。在斯堪地那維亞半島的國家，戶外活動已納入教育的體系中。斯堪地那維亞三到六歲的學齡前兒童可以去上「森林幼稚園」。這類幼稚園幾乎都是在戶外教學，不論是雨天、晴天還是下雪天。在丹麥，百分之十的幼兒園活動都是在戶外。

與其他西方國家的幼稚園相較，這樣做可說是創新之舉。美國德州一位記者卡塔拉．威爾斯（Ke'Tara Wells）就發現，「美國小孩每天在戶外活動的時間只有大約七分鐘，超過百分之四十的美國學校還減少或刪除小孩的休息時間，許多學校在攝氏零度以下就會要求小孩待在室內」。[2]

可是芬蘭或其他北歐國家的「森林幼稚園」卻不是這樣，即使在零度以下的天氣，小孩還是可以在外面爬樹、削樹枝做小刀、在下雪的林地裡漫步、一起做各式各樣的活動。以色列也有這類的戶外幼稚園，只是數量不多。在以色列的戶外幼稚園裡，五、六歲的小孩會學習怎麼生火，怎麼做口袋薄餅，而且跟其他大部分幼兒園不同，這裡非常鼓勵小孩獨立自主：他們會自己注意身體健康、自己適應天氣變化，持續進行高強度的體能活動，還有運用想像力，在樹林裡創造出神奇有趣的世界。

這些活動其實更常見於放學之後。以色列的夏天炎熱乾燥，從四月一直延續到十月，冬天則是很涼爽，因此小孩沒事時，大部分時間都是在戶外玩。如果太陽很大，天氣很乾燥，大人會叮嚀他們要先做好適當的準備，但是不會限制他們要去做什麼或想幹什麼。這點就像在拿廢棄物來玩或是玩火的時候，大人會先教導小孩如何保持安全，然後就讓他們自由地在周圍四處探索。

有人可能會認為，以色列人有一種「溫暖的文化」。行銷學與心理學教授勞倫斯．威廉斯（Lawrence E. Williams）與約翰．巴奇（John A. Bargh）曾在美國進行一項研究，發現「感覺到身體的暖度……會提高人與人之間的熱絡程度」。[3] 事實上，以色列的文化非常講究肢體語言。溝通包括了手勢動作與碰觸（但正統猶太教的社群例外），這對於傳達理解與合作意願是至關緊要。稍後的章節會更仔細說明，以色列緊密的人際互動氛圍是新創企業這個生態系統的核心所在，也是以色列成為新創企業之國的一項主因。

論及以色列的創造力、組織混亂與實驗精神，我就想起麥卡．考夫曼（Micha Kaufman）。他是全球最大網路自由接案平台 Fiverr 網站的執行長，全球的創業家、新創企業、公司行號都可以在這裡找人來幫他們做事。

麥卡的故事要從一九六七年一艘從阿根廷開往以色列的輪船開始說起。當時一對年輕的夫妻，滿懷著愛國心，相信自己下了船之後就要穿上軍服，上前線打仗。當然他們還不知道，這場著名的六日戰爭在六天內便已結束。所以，等船一靠岸，他們沒有從軍去，而是住進了集體農場，身上除了兩把吉他之外什麼都沒有，因為在前往以色列的船上，他們的行李被偷了。兩人在集體農場生下了麥卡和他弟弟。麥卡還記得以前父親在農場開著拖拉機犁田，而他就坐在拖拉機側邊，和父親一起工作好幾小時，或者看著父親修理器具與物品。那個時候麥卡才五歲，他從父親身上學會了如何焊接、切割，有時候幫個小忙。他也記得集體農場小孩一起睡覺的地方（一直到八〇年代，以色列的集體農場還常見所有的孩子都睡在一起）。記憶中睡覺的地方總是亂糟糟，調皮的小孩跳來跳去，推來推去，吵翻了天。但令人意外的是，當他講到這些父母不在身邊的夜晚時，態度還蠻正面的。還有，集體農場位置靠海，新鮮的空氣與廣闊無垠的大地，也深深影響了麥卡的童年。他小時候在集體農場生活的回憶非常美好，清楚記得當時那種自由自在的感覺，在陽光普照的田地裡遊玩，在工作坊修理和製造器具，也記得強烈的社會歸屬感以及孩子們之間的群體認同感。

後來他的父母對於集體農場生活感到幻滅，於是選擇離開，讓他覺得很遺憾。他的父母再度重新開始人生的篇章，麥卡的父親一開始找到工程師的工作，後來在一家半導體公司畫設計圖。他們生活儉樸，努力賺錢餬口。麥卡記得他們家的第一輛車，他跟父親每個週末都要修理一番。這時他總會想起以前在集體農場的日子。後來在幾年之內，麥卡的父親憑著勤奮努力與才能當上公司的執行長，也成為半導體產業中最傑出的一位以色列執行長。

麥卡不喜歡上學，覺得學校很無聊，還被老師認為是「問題學生」，沒有好好發揮潛能。[4]小學四年級時，十歲的他已經開始蹺課，老是跑去跟朋友打籃球，在海法市周圍的山坡上閒晃。他喜歡用手做東西，像是修理、組裝、創新。他跟朋友還曾經自製鞭炮，從爸媽的子彈中取出火藥，從火柴中取出硫磺，把沒用過的舊零件組裝成為新東西。「這算是從實驗中學習科技，」他跟我說。他並不懼怕，相反的，他只記得自己覺得一切都沒問題，他可以做到他想要做到的，而且有能力做到。麥卡自己的爸媽是充滿熱情、勇於冒險的人，由這樣的父母親教養長大，無怪乎麥卡日後成為了連續創業家。

麥卡後來進入海法大學念法律，專研智慧財產權。但是像麥卡這樣的行動家不會甘於只坐在辦公桌前，於是很快就決定轉換跑道，重起爐灶。

二〇〇三年，他和一位俄羅斯的研究者合夥創辦了凱尼斯公司（Keynesis），不過這兩人從未真正見過面。這家公司是提供安全防護軟體給銀行與航空產業，創立之初就非常成功。最重要的是，他創設凱尼斯的原因是為了讓自己「重新出發」，這是他們這一家人的特點。不過麥卡第一次創業成功卻只是曇花一現。幾年後他另外成立Invisia，這是一家研發專利的新創企業，主要針對改善視力問題，到了二〇〇五年，他運用類似Outbrain與Taboola等網路廣告平台的技術，創辦了Spotback.com。結果碰上經驗豐富、資金更雄厚的競爭對手，特別是Spotback.com，公司撐沒多久就結束了。儘管創業屢屢失敗，但他學到了不是所有事情都有美好的結局。接著，他寫出一本關於他自己的暢銷書。

二〇〇七年，麥卡創辦「加速智庫」，希望創建一個園地，讓看法相同的專家與科技領域的意見領袖，一起腦力激盪出軟體與網路的未來。二〇〇九年，他與夏伊・溫寧（Shai Wininger）之間的一通電話，醞釀出線上自由接案服務的點子。麥卡記得他跟夏伊常常通電話，但夏伊打來的那通電話，是這麼說的：「我跟你說，我有一個點子……」通常他們只是聽聽對方的想法就算了，可是這次不一樣。一直到第二天早上，麥卡還在想夏伊提的那個點子，而夏伊也是。兩人都覺得這個點子不同凡響。麥卡要求用幾天的時間，好好想出一個穩健的商業模式，希望確保自己是把資源與時間投資在一個具有極大潛力的地方，可以為無數人帶來正面的影響力。他花了幾天時間探究這個概念與想法，越深入思考，他就越清楚：這個點子可以造就成為一家大企業，帶來龐大的市場價值。

麥卡與夏伊於是成立了Fiverr，今天它已是全球最大的網路自由接案平台。Fiverr徹底改變了過去在線下與自由接案合作的模式，讓任何人只要按一下按鈕，都可以在這個平台上徵求服務。這家公司的「產品即服務」或「服務產品化」，改變了我們在商業模式中如何思考我們做為服務提供者和消費者的角色。

Fiverr的成功最主要歸功於一個簡單但卻強而有力的點子，也就是「結合」，在希伯來文裡稱為combina。藉由把網路平台與實際的服務提供者連結起來，Fiverr為一個在過去不容易解決、常得花比實際更多錢的問題，提供了解套方式。希伯來文裡的combina（結合）實際上是源自英文的「結合」（combination），意思是替一個問題找出非正式的解決方法，它還隱含「繞過一般官僚體系或權威管道」的意思。Fiverr將下單消費者與服務提供者結合起來，或許顛覆了傳統作法，但也很難想出其他更有效、又更便捷的方式。

這家公司是麥卡人生中的最新篇章（肯定還有後續），也是奠基於過去他的失敗與成功經驗，以及從小時候開始的經歷。他跟我說：「我之所以能成為今日的創業家，主要原因是父母親給我的啟發，還有他們非常支持我，鼓勵我去探究自己有興趣的領域，用我自己的方式做我想做的事情。」麥卡為自己父母感到驕傲。

另外還有一位知名人物也是用相同的方式教養孩子。傑夫・貝索斯（Jeff Bezos），亞馬遜網路的創辦人、執行長、董事長、總裁，是現今全世界最富有的人，是一位是非凡的創業家，也是四個小孩的父親。他說他會讓自己四個小孩在四歲的時候就拿刀來玩，七、八歲時使用電動工具。[5]有人問他為什麼。他說：「因為讓他們自己冒險跟獨立自主，可以教他們學會如何靈活應變，這是事業與生活中所需要的關鍵特質。」

第二階段
驗證

對於一個新創企業或任何事業來說，徹底驗證自己推出的產品是否有市場，這點極為重要。如果發現了某種市場需求並找到解決方式，此時還不保證成功。接下來要做的就是建立、培養自己在市場上的名聲。

任何企業在驗證自己的商業模式是否可行時，都必須先努力專注在做出適合市場的好產品。這個過程的起點是丟掉理論包袱（創業者可能在創業計畫裡面寫過一些理論了），他們必須要弄清楚的是，他們的產品或服務是否真的有市場需求。

例如，虛心接受外界的回饋與指教，這是基本要做的；敏銳地感受到目標市場的跡象則是關鍵；重新審視自己的假設與臆測，這也會有幫助；或許還必須重新評估一開始設定的界線與條件，包括：誰是目標族群？什麼是最有效益的商業模式？競爭對手的優勢是什麼？如果發現原本的假設都是錯的，該怎麼辦？

在這個驗證的階段，創業者必須培養某些新的實力，包含接受批評、挑戰極限、具備彈性、具備實驗精神，還有最重要的一項：忍受失敗。

仔細思考以色列人的童年時期，我體悟到我們是從年紀還小的時候就在鍛鍊這些實力，最後造就出敏捷、靈活應變、有彈性、團隊合作的孩子。

第四章

以色列人的「團隊」裡有一個「我」

經歷二戰的納粹大屠殺，以色列於一九四八年獨立建國，倖存的歐洲猶太人及各地的猶太人紛紛出亡，搭船來到海法與雅法兩港。許多人來自「反閃族（反猶太）」的阿拉伯國家、伊朗與北非。來自世界各地的男男女女，帶著夢想抵達巴勒斯坦這塊土地，建立一個猶太人國家。

以色列建國是一項艱鉅的任務。有一首家喻戶曉的以色列兒歌是這麼形容：

我的以色列之國

戴塔・班・朵爾（Datia Ben Dor）創作[1]

我的以色列之國美麗又興盛
是誰建造，是誰設立的？
是我們所有人！
我在以色列之國建造了房屋
於是我們有了一個國家，
然後我們在以色列之國有了房屋……

整首歌中有不同的角色出現，說到各自的貢獻：
我種了一棵樹……我鋪了一條路……我蓋了一座橋。

每一句都有合唱的回應：
於是我們有了一個國家，
我們有一棵樹，
我們有一條路。

針對歌中的這個問題：「是誰建造、是誰設立的？」

回答是：「是我們所有人！」

《我的以色列之國》是每個以色列男孩與女孩銘記於心的兒歌，以色列各地的學校也都會教唱，通常是為了獨立紀念日而準備的。我在幼兒園學到這首歌，我的孩子也是。從這首歌中我們瞭解，以色列是透過每個人的努力共同建立起來的，每個人有各自的任務，全部結合起來就創立成為一個國家，打造出自己的文化。

這首簡單的兒歌既具有象徵意義，也很有見地，現在學校裡仍然在教唱。但它傳達了以色列社會中一個獨有的特點：團體與個人之間所存在的一種正面緊綳關係。這個特點從建國之初就存在。

以色列建國不久之後，我的母親從波蘭移民過來，我的父親則是從埃及移民而來，兩人約在同時抵達，後來在別是巴市（Beersheba）的本・古里昂大學相識。我父母沒什麼共同點，他們來自不同的文化，講不同的母語，成長背景更是南轅北轍。但是他們墜入愛河，而且有一個相同的目標，這個目標超越了兩人的個人感情，使他們結合在一起：那就是希望在以色列這個新的國家，跟其他來自七十個不同國家、有著相同夢想的移民，一起打造自己的家園，成立自己的家庭。

所有的移民都必須學會新的語言，藉由這個共同的語言擘劃出他們個人的未來，以及共同的命運。在希伯來文裡，「我」的字根是an，而這也是「我們」這個字的字根（「我」的希伯來文是ani，「我們」的希伯來文是anu或anachnu）。「我」跟「我們」在這裡的關係可說是密不可分。我總是認為，就像希伯來文裡的「我」跟「我們」，在以色列，我們已經直接推翻了「『團體』之中沒有『個人』」這句西方諺語。

正向的緊繃關係

文化通常分為兩種類型，一種是個人主義式，另一種是集體主義式，大多數文化都是傾向於其中一種類型。在個人主義的文化裡，個人負責自己與家庭的物質和情感上的需求；而在集體主義的文化裡，個人很快會完全投身在多人、緊密的小團體中。西歐與美國一般都是個人主義文化，在這些國家，個人的成就與個人的權利最為重要。相反的，像瓜地馬拉、中國、日本和南韓，就是文化光譜中的另一個極端。在這些國家裡，無私的奉獻、大家族的重要性，以及合作無間，才會備受推崇。

一個文化要不是以個人主義為主，就是以集體主義為主，因此兩種價值的衝突是在所難免。每個人天性上都需要有群體的歸屬感，但也需要使自己成為與眾不同的個體。我們有對個人的認同，包括個人獨有的態度、記憶與所作所為，也有源自我們所屬團體的社會認同，這兩者乃是一起發展，只是同時也要在兩者之間保持平衡。

澳洲昆士蘭大學心理學教授馬修．霍恩西（Matthew Hornsey）認為，在崇尚個人主義的社會中，「自我的重要性高於群體，而群體的成員都極為寶貴，因此可以允許個人自由表達意見。」[2]在偏向集體主義的文化中，我行我素、拒絕群體的壓力會被視為一種不成熟的表現；但在個人主義的文化中，這卻是一種優點。

有一個人非常瞭解個人主義與集體主義在人性基本需求上的衝突，這人便是班尼．勒文（Benny Levin）。如果以色列真的有「土生土長的猶太人」存在，那就是班尼．勒文了。在巴勒斯坦土生土長的猶太人非常罕見，更令人訝異的是，班尼的父母，甚至祖父母也都是土生土長的以色列猶太人，他們在以色列建國之前就出生了。班尼的祖父最早是在當地以釀酒維生，後來成為成功的出口商。班尼出生的屋子，就是他母親當年出生的屋子，他外公曾在這間屋子裡接待知名的猶太復國主義運動者、羅斯柴爾德金融家族的法國成員艾德蒙・德・羅斯柴爾德男爵（Edmond de Rothschild）。班尼可說是出身於一個純正的以色列家族，當然也有個典型的以色列童年。

班尼是以色列童軍團（Tzofim）的見習生，後來成為童軍服務員，之後成為督導。高中畢業後，他加入軍中一項稱為 Atuda 的專業軍官計畫，這項計畫是讓高中生延後徵召入伍，先去上大學，然後再進入軍隊成為專業軍官（例如醫生、工程師等）。班尼主修電機工程，後來在以色列國防軍的菁英部隊八二〇〇科技情報部隊服役。

雖然很多參與專業軍官計畫的人會在役期結束後繼續留在軍中，不過班尼擔任科技軍官十四年之後，決定跟同梯的七個朋友一起朝向人生不同的道路邁進。一般以色列人常是這麼幹的：大家合資成立一家公司，但不知道要做什麼，只知道要這麼做，而且是大家一起合作。班尼與朋友們利用自己最擅長的技能，在一九八六年成立了軟體公司耐斯系統（Nice Systems），現在已成為以色列的科技巨頭。十五年後，班尼卸下耐斯系統的執行長一職並離職。原因並不是他的工作倦怠，而是因為他瞭解該是交棒的時候了。二〇〇一年，他與人合夥創立dbMotion，專門協助醫療保健機構運用自身的訊息資源，在醫療保健資料的管理方面是真正的先驅，而班尼是擔任該公司的董事長。二〇一三年時，美國的Allscripts以數億美元收購了這家公司。

公司被收購後，班尼體認到自己一生都是團隊中的一份子，從童年到軍中再到工作職場都是。於是他決定離開商業世界，投入社會公益，涉入的領域包含健康照護、教育與就業。他在二〇〇一年與索羅摩・杜夫勒（Shlomo Dovrat）、艾里克・本哈默（Eric Benhamou）、伊齊克・丹奇格（Itzik Danziger）跟尼爾・巴爾卡特（nir barkat）一起創辦了以色列創業網（Israel Venture Network，IVN）。這個網路平台的第一個計畫是要提供實用的管理工具給學校的管理者與市政當局使用。這個計畫意義非凡。班尼不只將科技與商業領域跟社會領域結合起來，最後還充分善用了自己在童年時期、軍隊服役期間與工作職場上所學會的所有技能。以色列創業網上目前已有五十多家社會企業的資料，例如危機青少年計畫、幫助失能者與貧困者、在極端正統派猶太人地區協助就業並降低貧窮、幫助特殊需求族群等等，可說是融合了商業的敏銳度、科技知識和社會目標的典範。如果今天你想要見到他，很可能他會和你約在他正在經營的青年新村。他在這些村落幫助弱勢孩童，培養他們的歸屬感，還有教導他們未來所需要的技能。班尼所有的計畫都是以團隊概念為核心，著重在群體的意義與歸屬的力量。他最新推出的JDOCU計畫是結合一群慈善家兼業餘攝影者，到世界各個角落為偏遠的猶太族群做紀錄。

如同前文敘述的，以色列的社會將個人主義的文化與集體主義的文化融合得非常平衡。當然，以色列個人主義與集體主義之間的緊繃關係仍然存在，只不過兩者是並存，而不衝突。

不過，唯有個人目標與群體的目標一致時，才能讓計畫真正啟動。有一次我九歲的兒子獲悉他和朋友必須負責下個學年的開學典禮活動，你可以想像這些孩子有多麼興奮：他們將要在開學的第一天，站在舞台上表演、唱歌、跳舞，歡迎第一次上學的一年級新生。

他們會想起自己三年前剛上小學的感受：一年級開學的第一天，興奮之中也有點害怕。現在他們有一個共同的任務，得在暑假期間準備好，或者開學前一週完成準備。學校老師說，他們所有人都可以參加規劃，自行決定活動要怎麼安排。老師沒有告訴他們誰要做什麼，反而是他們要告訴老師，他們要做什麼。有人想當主持人，有人負責音效，有人想要表演跳舞或唱歌，所以還得選歌跟編舞。他們是一個團體，要負責讓活動順利進行，彼此支援，當然還有老師從旁協助，只不過在一個大範圍內，還有非常大的空間讓個人能夠發揮到淋漓盡致。

群體的多元性

你或許在想，這種正向的緊繃關係從何而來。我認為是因為以色列人口的多元性。以色列是世界上由最多不同族裔組成的國家，人口來自七十多個國家的移民，多元性因此成為這個國家最大的一項資產。事實上，在二〇一四年，以色列移民中有百分之二十五是猶太裔，百分之三十五是移民的小孩，剩下的百分之四十是以色列人的第二代。人口所帶來的文化多元性，使得我們很難回答「誰是以色列人？」這個問題，因為並沒有一種所謂的以色列人存在。這裡有的是摩洛哥人、俄羅斯人、波蘭人、衣索比亞人、美國人、埃及人、烏克蘭人、烏茲別克人等等。

許多資料顯示，群體的多元性是培育創造力與創新的溫床。每個個人將自己的傳統文化、知識與母國的特點帶到新的地方，進而滋養了這裡的人民。就國家層面來說，這對於一個國家的文化和經濟是具有極大且正面的影響力。

只要看看許多美國公司都是由移民或移民的後代所創辦，就足以說明這點。根據「新美國經濟研究基金會」（New American Economy Research Fund）的一項報告，《財星》雜誌世界五百大企業中，有百分之四十的公司是由第一代與第二代移民創辦。請注意，這些都不是小公司。「許多美國最大的公司，像是蘋果、谷歌、AT&T、百威啤酒、高露潔、eBay、通用、IBM、麥當勞等等不勝枚舉，它們最早的創辦者都是移民或是移民的下一代」。[3]

跟美國一樣，以色列的移民社會也與它成功的新創企業文化息息相關。這其中有很多原因。以創業者來說，移民天生具有冒險家精神，而且苦幹實幹。他們勇敢做出決定離開家鄉、國家、親朋好友，獨自出發。一抵達新的土地，面對陌生的環境，必須要趕快適應。這使得他們必須臨機應變，迎接舒適圈之外的挑戰。在以色列，這種個人的企圖心會導向團體合作的計畫與目標。

來到以色列的移民，跟七十年前我的父母親一樣，都有一個願景，那就是積極參與以色列的建設、在這片土地上安居樂業、共同形塑出以色列的文化。他們群體的認同感就建立在一個共同的目標上。

Ψ

基拉・拉丁斯基（Kira Radinsky）和許多偉大的企業家一樣，他的人生旅程是從一個陌生的國家開始，抵達以色列時，身上的背包只有幾件衣服而已。一九九〇年的烏克蘭，拉丁斯基家族的幾位女性，包括四歲的基拉、她的媽媽、姑姑與祖母，決定移民到以色列。旅程非常艱辛，最後基拉與家人終於到達以色列，但行李都沒了。[4]

他們抵達的時候剛好是波斯灣戰爭爆發。沒有任何家當，沒有防毒面罩，只有警報聲不斷在身旁響著。有次基拉與姑姑來到海邊，「長大後你想做什麼？」她姑姑問道。基拉把腳埋進沙子，回答說：「我想當科學家。」她姑姑並不感到意外，基拉出身於工程師世家，這個家族靠著聰明的頭腦生根立業，在烏克蘭的平民百姓中算是高人一等。

十五歲時，基拉已經是以色列理工學院的學生，以優異的成績畢業。十八歲時，她加入以色列國防軍的情報單位，在這裡，她與她的團隊由於研發了一項科技而獲頒以色列國防獎，這項科技後來還應用於二〇〇六年的黎巴嫩戰爭中。她在軍中讓她接觸到與以往截然不同的環境，第一次面對自己完全陌生的事情。不過她知道自己什麼都學得會，而且學得很快，所以她開始自學。以前的她，什麼都是最優秀的，但軍中比她優秀的人更多，這點不但大大刺激了她，也激勵了她。她從軍中退役不到一年已經唸完碩士，開始攻讀電腦科學的博士。這對基拉是很自然的一步，因為移民的孩子都被諄諄教誨功課的重要性。

二十三歲時，基拉與兒時的玩伴結婚（這位兒時玩伴在八歲時就靠著解決一道複雜的數學題向她示愛），同時也渴望把自己內在的探索精神發揮出來。基拉很快便成為知名、受人尊崇的學者，任職於微軟的研發部門。基拉研發出一種以演算法為基礎的預測程式（這也是她博士研究計畫的一部份），將極大量的資訊輸入到機器，讓機器以縮時的模式為基礎加以分析，然後就可以產出預測的模式。這個程式非常成功。她依據過去一百五十年來的新聞、社群媒體、搜尋引擎的結果等數據資料，預測出一些重大事件的發生，例如二〇一三年油價上漲之後席捲蘇丹的暴力事件達到最高潮，還有古巴爆發霍亂（而根據記錄，上一次古巴霍亂爆發是在一百三十年前）。基拉的媽媽、姑姑與祖母都以她的科學成就為榮，因此當她說她要離開微軟，繼續探索人生的時候，她們非常驚訝。

受到以色列人的冒險心態、探索精神與偉大夢想的啟發，基拉踏出自己的舒適圈，在二〇一二年與亞倫・扎卡・奧爾（Yaron Zakai-Or）創辦了SalesPredict這家數據預測分析公司，在二〇一六年由eBay以四千萬美金收購。

基拉對於預測性分析這個領域的貢獻可說是無法估量。將人類的思考模式應用在能夠分析無限量數據的機器上，這足以為各種領域帶來天翻地覆的轉變，包含電子商務、醫藥、政治等。基拉的實驗非常成功，但也衍生出關於人工智慧未來會出現的問題，以及我們現在要如何好好善用眼前這些極為大量的資料。

基拉與她家族所有的女性成員一樣，不但靠自己努力，事業有成，也是一位職業母親，有一個女兒和一個兒子。她的前途無可限量。不過基拉鼓勵自己兩歲的女兒要有遠大的夢想，而且不管那夢想是什麼。基拉說：「我不會跟我女兒說要做什麼、怎麼做。我希望她完全獨立自主。」

死黨的益處

小時候你有熬夜躲在被子裡，拿著手電筒讀小說的經驗嗎？就以色列小孩來說，他們是會廢寢忘食地看《哈薩姆巴》這個系列小說。《哈薩姆巴》

裡的主角也是小孩，他們能夠解決各種神秘與犯罪懸案。「哈薩姆巴」在希伯來文中的意思是「絕對、肯定是秘密幫派」。《哈薩姆巴》的冒險故事最早在一九四九年問世，很快成為希伯來語世界裡最受歡迎的兒童故事書。但是，《哈薩姆巴》跟其他同類型的英文兒童小說不同，小說的主角是一群兒童，共同聯手打擊犯罪。主角不是一、兩個人。這個小細節顯示了以色列與英美文化上的巨大差異。

以色列孩子從小就是在團體合作、社群建立，以及維護與擴展社交網絡的經歷中成長。因此「死黨」就變得格外重要。英語的「結黨」為gang，通常帶有負面的意思，翻譯為希伯來語則為chavura，意思非常正面。希伯來語的「死黨」是指一群小孩或青少年，只要沒事就會聚在一起。他們從唸書的時候就認識，或是在課外活動認識，不然就是鄰居。在以色列，「死黨」就是小孩的社交圈，往往也是後來長大之後的社交圈。

還記得幼兒園的廢棄物回收場嗎，還有以色列篝火節的活動，小孩都是藉由分工合作讓玩樂變得好玩無比。以色列小孩的童年時光絕大多數都是在群體中度過，上述這些只是幾個例子。我十四歲的兒子丹尼爾就有他自己的死黨，這群朋友從幼兒園就一直在一起。上了小學一年級之後幾乎每天下午都聚在一起，在學校操場踢足球，不是那種有老師帶的學校課後活動，而是他們自發性的活動。團體中有人專門負責帶球來，但其他人也會帶球來，以免他忘了。一切都運作得很順利。

三、四年級的時候，他們偶爾會開放讓其他男孩或女孩加入，只是這些「外來者」會來來去去，核心成員則維持不變，彼此形成強而有力的支持群體。到了五、六年級，成員漸漸開始擴展到原本這個小團體以外的交友圈。不過他們還是會持續碰面，甚至到上國中，大家去不同的學校唸書。直到今天，這群朋友仍在丹尼爾的人生中扮演重要的角色。他最近跟我說：「媽媽，他們就像我的兄弟一樣。我知道如果我需要的話，他們都會在我身邊，而我覺得有他們在身邊非常安心。」

新創企業大師、矽谷創業加速中心（Y Combinator）的創辦人保羅・格雷厄姆（Paul Graham）說過，「友誼」是他在新創企業創辦者身上找尋的最重要的五個特質之一。他說：「依照過往經驗來看，只憑一己之力要成立一個新創企業似乎很困難。大多數非常成功的大企業都是兩三個人一起創辦，而這些創辦人之間的友誼非常堅固。他們必須真心地喜歡彼此，一起工作得非常好。」[5]事實上，百分之九十五想要創辦新公司的人，都會在初創或稍後的階段找來其他才幹卓越的人一起協力。大約百分之五十的新創企業是由團隊創建的，大部份的創業家是在初始創設階段就動用他們核心的社會人脈網絡。

就像丹尼爾的死黨，你也會希望自己身邊有未來可以長期成為合夥人的夥伴，也就是那種你可以真正信任的夥伴。我的公司 Synthesis 裡，我和合夥人／執行長的情況就是這樣。我們二十幾年前在大學就認識了，有著非常深厚的友誼，雖然大多數時候我們住在不同的國家。我們各自有優缺點，在合夥的時候顯露無遺，但是我們學會了如何朝向一個共同的目標與願景一起攜手合作。我們找到了一個平衡點，讓我們的合作最有效益。然後三不五時，我們會重新微調一下。

第五章

成為你想成為的人

星期一的下午一點半，我正在辦公室裡跟團隊開會。這時手機響了，我認得這個號碼——我九歲的兒子亞登。我跟同事致了歉，就接了電話。

「嗨媽咪，羅尼可以來我們家玩嗎？」今天剛放學，亞登跟他大多數同學一樣，自己走路回家，距離約三百公尺。他到家之後的第一件事，就是要帶我們的狗狗小月去散步。他和小月回來的時候，他十三歲的哥哥丹尼爾已經從國中回到家了。他們會微波我早上準備好的午餐、寫作業、看電視或出門跟朋友玩。

「沒問題，亞登，」我回答道：「別忘了小月就好，午餐有雞肉飯，記得弄個沙拉來吃，羅尼當然可以一起來。」我掛了電話，再度回到工作模式。

這樣的情況對以色列人來說稀鬆平常。大部份以色列人都是雙薪家庭，父母要到晚上六點甚至七點才會回家，也就是說孩子必須在沒人監督下獨自度過整個下午。所以每個孩子都學會了照顧自己，這給了他們很大的成就感，而且會為自己感到驕傲。

一九八六年，兒童權利學者羅傑．哈特（Roger Hart）在新英格蘭鄉間做了一場實驗，在當地國小追蹤八十六位學童的行蹤，建立「兒童地圖」，裡頭可以看到孩子都上哪去了、晃到離家多遠的地方。哈特在這場實驗中發現：「給予孩子自由，讓他能自己過馬路或到市中心去，是孩子長大的表現。對孩子來說，知道如何抵達想去的地方，還有找到大人通常不會走的捷徑，是非常值得驕傲的事。」[1]

除此之外，以色列人有一種正面的人格特質，亦即「可以在不受管控之下，以及沒有特定目的地的情況下，到處自在閒逛」。在希伯來文裡，這種態度叫作 leezrom，直譯就是「順其自然」。有些人生來就具有 leezrom 的特質，不過如果變成了一種群體的文化現象，從小不斷培養，那麼就有更深一層的意義了。對以色列人來說，這是生活的態度。人要能面對預料之外的事情，能張開雙手擁抱未知，才能用 leezrom 的態度生活。Leezrom 不僅僅是隨遇而安而已，它讓人在面對人生和生命裡無法預期的事時，更為主動且樂在其中。

因此，即便西方國家已逐漸少有「賦權給孩子，放給孩子更多權利」的這種養育方式，以色列仍然擁有這項特質。值得注意的是，給予孩子自由，且鼓勵孩子用 leezrom 的態度生活，並不是什麼艱深的哲學；它不是以色列獨有的特色，卻是順應以色列生活而產生的概念。

自主的孩子

全球許多文化都鼓勵孩子要負責任。舉例來說，荷蘭的小孩有時候會挨家挨戶詢問是不是需要清潔服務，好賺得一歐元（荷蘭文稱為 Heitje voor een Karweitje）。在其他國家，讓孩子放學後自己走回家或跟鄰居朋友出門逛逛，是再自然不過的事了，尤其如果在村莊或鄉下地區更是如此。

不過在美國、法國及華人區域等地，很難見到給予孩子這麼大的自由的育兒方式。人在外頭就會暴露於各種危險之中，再加上媒體過度誇飾社會悲劇，父母為孩子的安全焦慮也是在所難免。

這種焦慮固然有其道理，但孩子在這種養育方式之下，成長後可能無法應付人生中的風險或各種變化。美國加州大學聖地亞哥分校的訪問學者兼《今日心理學》期刊西岸總編輯羅伯特・愛潑斯坦（Robert Epstein）表示：「父母最重要的任務就是讓年輕人習得獨立自主，如果我們把年輕人當成嬰兒看待，會扼殺他們的發展。」[2]他不單是擔心下一代如果從小缺少自由和冒險的機會，往後在成人世界會缺乏獨立行事的自信心，更擔心他們沒有追求獨立、自信的動力。

假設孩子的學習、玩樂、社交過程總是有成熟的人在指導，那他們成功的動力可能不是發自內心而來，此時他們想要成功、想要發展社交生活的動力源於父母，而不是孩子本身。美國普渡大學教育學院教育心理學系臨床助理教授約翰・馬克・佛洛蘭德博士（Dr. John Mark Froiland）解釋道：「如果動力來自於父母，那這種動力是與父母的想法和期望有關，而與孩子無關。孩子長大之後比較不會有自己的想法，也不會為自己設定想追求的目標。對孩子來講，由自身產生的動力，遠比外在加諸的力量強大得多。」[3]

許多父母因為明白在學校拿到好成績的重要性，會過度鼓勵孩子做一些只是為了拿高分而做的事，結果常常適得其反。例如一九八九年兒童心理學家理查・費比斯（Richard Fabes）和同事的研究發現，安排受試的孩子協助幾位生病的小朋友整理紙張，此時若獎勵受試的孩子，反而會抑制他往後幫助他人的行為。意思是，如果在行為的當下就給予獎勵，長期來看未必能鼓勵這種行為繼續出現。一九八三年也有一個針對大學生的類似研究，結果發現「付費這件事，會降低大學生幫助盲人的道德義務感，因此減少了幫助盲人的行為。」[4]因此，不管是小孩還是大人，能夠自主決定要採取什麼行動，而不是被告知要做什麼，才是決策中的關鍵要素。

叫我耶爾就好

我九歲的兒子亞登放學時，如果碰到校長剛好踏出了辦公室，他會跟她說：「嗨耶爾，掰掰。」直截了當、輕鬆的道別。校長耶爾也會對他微笑說道：「掰掰亞登，下午好好玩。」她知道所有孩子的名字，孩子也直呼其名，對其他老師也一樣。

撇開「這樣會不會太隨便了呀」這個看法不談（其實我認為這很重要，稍後會再說明），以色列教室裡的狀況跟世界上其他地方都差不多。大家希望孩子能吸收知識，考試成績好。以色列學生的學業成就跟全球相比，其實是落後的。根據國際學生能力評量計畫（PISA），以色列的數學和科學能力在倒數百分之四十的位置；二〇一五年間參與PISA測驗的七十二個國家中，以色列排名第四十，落後於中國、新加坡、日本、南韓、瑞士和奧地利等國家，而贏過秘魯、印尼、卡達和哥倫比亞等國家。然而以色列的人均新創密度卻是全球最高，且根據世界經濟論壇排名，以色列創新力為全球第三。

為何以色列在需要大量使用數學、科學、財務、經商的科技創業領域如此成功，但正規教育裡的數學和科學卻會如此落後？

答案是，「成功的創業家和創新者」所需的條件，跟「當個好學生」的條件不同。請記得：當今全球各產業的變化非常極端，非常快速，不少觀察者將這個現象稱之為「第四次工業革命」。世界經濟論壇表示：「當前的科技趨勢使得許多學術領域的核心教育課程發生極大的變動，在四年制的技術性學位中，學生入學第一年所學的知識，有百分之五十在畢業時已經過時。」[5]

換句話說，我們提供給年輕人的學術訓練，大部分都是沒有用的。「好學生長大了就會當科學家、創業家、成功的企業主」這樣的假設並不完全正確，至少在以色列就有不少反例。

以色列成功的網路自動駕駛創業人蓋伊・魯比奧（Guy Ruvio）回憶，他以前常翹課：

我常常在耶路撒冷的希伯來大學裡逛著，找看看有什麼有趣的事。有天我看到某位老師的黑板上寫著一道還沒解開的題目——網路最佳化。我跟自己說，我一定要解開這題，不然我就再也不回學校了。過了一段時間，我想到了幾個滿有趣的解法。當時我甚至不曉得新創這個詞，不過我去找我的電腦老師（我之前都沒去上課），跟他說我有這些想法，我們可以一起合作。他同意了，接著我們開始建構網路。雖然最後沒有成功，但我認為這是我參與過極具意義的計畫。[6]

蓋伊從小到大，都是直呼老師的名字，他一直認為老師是平易近人的角色，或許這也是為什麼他敢去找老師提出企畫，有些人卻不敢的原因。當然，蓋伊的老師也有權利表示，蓋伊必須先來上課他們才有討論合作的空間，但老師並沒有這麼做。這位老師是個心胸開放的年輕人，不在乎教育系統的常規。那次事件以後，蓋伊一直對數學和網路很感興趣，持續探索網際空間，之後成為專家，最終成功讓自己創立的新創公司 TowerSec Automotive Cybersecurity 與全球汽車自動化方案的龍頭「哈曼國際工業」合併。

挫折的重要性

希伯來文有句俗諺是這樣說的：先發制人，才是最佳自衛。這就是阿迪．沙拉班尼（Adi Sharabani）的生活準則。

阿迪走的每一步，都孕育他成為網路安全產業的領導者，預先保護系統的專家。他曾長年服務於以色列國防軍，擔任安全與教育顧問。他在特拉維夫大學取得數學和物理學位，做了一些研究後就轉換跑道到商業領域來。阿迪原先在 Watchfire（投資以色列科技的加拿大新創）工作，因為被併購而加入了 IBM，幾年後他就負責檢視 IBM 軟體類產品的安全性。二〇一二年，阿迪與他人共創了 Skycure 公司並擔任執行長，這間新創企業重新定義了行動威脅防禦產業。後來 Skycure 被全球安全科技領頭羊 Symantec 收購，目前阿迪在這裡擔任資深副總裁。這些年來他精進自己做事的方法，直趨完美，而且在安全領域取得了二十五項以上的專利。

本持著超前部署的精神，阿迪也成為資訊安全教育界的關鍵人物。他不僅是全球首屈一指的資訊安全大會RSA會議的定期撰稿人（該大會每年吸引四萬多人參加），更是高中老師和教育顧問；阿迪也協助國家奠定網路安全教育，為以色列主修網路安全的高中生開設網路防禦課程。阿迪表示：「越早開始越好。」[7]

在阿迪這種人的協助下，以色列發展出各式各樣非正式的教育機構和課程，他們對教育嶄新且共同的看法是，比起實際習得的知識，他們更在乎學習的過程。阿迪解釋：「我們在這些課程裡做的事，是給予孩子能力，讓他繼續發展。我們的目的並不是教孩子某個特定的技能，讓他知道『怎麼做』，而是給他一個方向、行動，重點在於過程而非最終的結果。」根據阿迪所說，這種課程熱門且成功的秘訣在於，它允許孩子，或者說，它刻意讓孩子遭遇到困難而被困住：

> 我們不是教他們一種技能，讓他能應用到其他領域，而是想要增強他在「目前未知領域中發展出新技能」的能力。這是很困難的事情，而實際操作後讓我們知道，要達到這個目的，就必須要帶孩子走到他真的被困住的地方，他們不知道答案，也沒人會給他們答案……這樣一來，因為沒有解答，才

會有真正的成長、真正的學習。不管最後有沒有找到答案，至少有嘗試過」。

來自亞實突的十七歲少年吉拉德這樣描述他在課堂間的經歷：「會學了習基本的程式語言編寫技能，他們就丟難題給我們，要我們完成非常複雜的作業，像是在沒人指導的情況下，自己想辦法寫出西洋棋遊戲。今年我這組正在研究自動車，讓它在手動和自動模式下根據特定算式行走，還有掃描、繪測目的地的地圖。」

而且，跟以色列的其他學校一樣，這些課程並沒有把老師當成絕對的權威人物，老師在這裡不一定是專家和擁有最聰明的人。阿迪回憶道：

剛開設網路課程的時候，我們覺得從「自己動手做」開始，會是個不錯的起點，因為如果擁有的知識很少，很快就會被困住。我們訓練學校老師的時候，感覺會變成大失敗，原因很簡單：老師在網路領域的經驗和專業不足。但接下來發生的事很驚奇，因為在教學現場老師會看著孩子的眼睛真誠地回答：「我不會。」這樣一來老師和學生就可以真正對話了；他們會一起發想，一起「被困住」。這樣的教學不純粹是老師把知識餵給學生，而是雙方一起成長，走到彼此都沒有想過的地方。在這種教學裡，老師不是灌輸知識的角色，而是傳授方法的媒介。

如果教育的目的是轉移知識，那麼這種不輕易給予學生知識的課程就非常有突破性——而且顯然很有效。

這類課程的評量方法也非常特別。老師想要評量學生的學習成果，看重的指標不是他們的成就，而是他們的失敗。「如果你成功解出二十道題目，那我身為老師，只是在浪費你的時間，因為你已經知道怎麼解決這些問題了。所以你完全沒有進步、沒有學到東西。」

「促進青年卓越與創意研究所」是以色列一間提倡跨領域學習的教育機構，提供有才華的孩子另類的教育體系，目的是要開發創造力、社交技能和獨立思考的能力。

創辦人艾莉卡·藍道（Erika Landau）發展出一種獨特的教育方式，鼓勵孩子在各個領域透過實際操作的經驗學習。藍道認為：「教育的目的並非『知』，而是『體驗』。」[8]根據她的說法，人們記得最清楚的事情，就是親身經歷過的事。該機構的畢業生藍·巴利瑟教授（Ran Balicer）解釋了這種教學法背後的邏輯：

現在這個年代，身為專家是不夠的，專精於一件事遠遠不夠……當今非常有才華、能夠真的改變世界的人，並不是專精於自己領域的那種，而是可以結合不同領域需求的人。這正是這間學校的精髓所在，它教育小孩和年輕人的方式，是讓他們有能力找到特殊的連結，能夠質疑和對傳統知識提出挑戰，敢於發掘和探索，不接受「不行」或「不可能」這種答案，認為它們是通往新的道路的起點、一種新的挑戰：「怎麼讓不可能變成可能？」[9]

巴利瑟教授至今仍然不接受「不」這個答案。現在的他是公衛醫師和研究者，也是克拉利特研究院（Clalit Research Institute）的創辦董事（屢次獲獎的數據驅動醫療創新中心）及克拉利特醫療政策計畫（以色列最大型的醫療照護機構）主持人。擔任這些職位時，為了提升醫療照護品質、縮短差距、引進新數據和人工智慧，他必須有策略地規畫並發展出組織性的創新介入手段，將這些工具帶入醫療照護產業，提升照護效力。

以色列的孩子或許沒辦法在標準化測驗上拿到高分，但他們的能力絕非落後，因為最重要的是學習過程，而不是考試結果；重點不在於孩子擁有多少知識，而是他如何擁有這些知識。

以經商的角度來看，結果當然重要，但不是唯一重要的事。過程、能力、機會，以及有自信去嘗試、去受困、去解決——以長期看來，這些事對於經營成功事業也極為重要。所以，請容許你的團隊成員有一點時間去找到他們的目標，容許他們挑戰大難題，讓他們受困。不要覺得你非得到所有答案不可。

第六章

失敗也是選項

時間回到一九六五年，祖、父、孫三代聚集在以色列特拉維夫近郊一間五點五坪大的客廳裡：家中最年長的亞伯拉罕是職業抄寫員，正趴伏在自己的工作上；他的兒子巴魯克是機械工，正在翻找他的工具箱；十歲的達夫・默倫（Dov Moran）是家族繼承人，專注地看著電子錶的零件，這是他在《抓狂雜誌Mad》最後一頁看到廣告後郵購來的產品，他想把手錶修好，或者從還沒壞的幾支錶裡組出一支新的。小小的客廳有過去，有未來，這就是達夫踏出第一步的地方，他在這裡發明了USB隨身硬碟，成為以色列首屈一指的產業領導人。

雖然達夫小時候跟教育體系不太合拍（例如幼兒園老師肯定地告訴他媽

媽，達夫不適合就讀一年級），他很快就展現過人的課業能力。十六歲時，他已經讀完特拉維夫大學的電腦程式設計課程；身為班上的第一名（獲獎無數，但至今他依舊認為自己配不上這些獎項），對於達夫來說，展開程式設計事業是再自然不過了。然而，就像他家人常說的，「人算不如天算」，他後來在以色列理工學院取得電機學位，之後到以色列海軍工作，擔任高階微處理部門的指揮官。

對於達夫來說，擁有如此高的學術地位並不容易。身為納粹大屠殺的後代，他從小就生長在大人的焦慮之中，他的父親和祖父是家中唯二從戰亂的歐洲死裡逃生的人，來到以色列白手起家；他的母親則是從戰亂的波蘭逃亡到以色列。就連他要走路去家裡附近的圖書館，他父母都會感到害怕，常會忍不住默默走在對街或偷偷跟在他身後。

達夫的童年經歷，和他現在身為以色列數一數二的創業冒險者，兩者的對比非常巨大。但看看他的父親，那位真誠的男人，努力工作到九十歲過世的那天；再看看他的祖父，達夫整個童年幾乎都跟他共用一間房間，達夫的教育就是他這輩子最終且最了不起的作品（陪伴他從幼年時期到穿上海軍制服的那天），從這裡我們就可以理解，達夫的成就一點也不令人意外。他所生長的家庭具有極高的風險意識，但仍勇敢追求更美好的未來。

一九八九年，達夫創立了 M-Systems，成為全球快閃記憶體市場的領導人。他與他的團隊一起研發出 USB 快閃硬碟，公司每年享有高達十億美金的營業額。二〇〇六年這間公司被 SanDisk 以十五億五千萬美元併購，是當時以色列史上最大的併購案。二〇〇七年達夫又創立了 Modu，爾後在二〇一一年，Google 收購了它的智慧財產權。他的豐功偉業實在多得數不完。從 Kidoz 到 GlucoMe 和 Comigo，從 RapidAPI 到 Grove Ventures，除了已經被併購的技術之外，達夫名下還擁有四十項專利。他也是以色列北部半導體設備製造廠 Tower Semiconductor 的董事長。如果有人問到他最了不起的成就為何，他會說是使 Tower Semiconductor 這家公司起死回生，從破產到賺大錢，在那斯達克證券交易所裡擁有數十億美元的市值。達夫在以色列科技產業的每個角落都留下了足跡，他是執行長、創辦人、董事成員、投資人，更是心靈導師和象徵性人物。

達夫故事的獨到之處在於，這並不是他一個人的故事，他的故事也是他父母、祖父、家族和祖先的一部分，是世世代代累積下來的故事，也是一群為建國鋌而走險的人的故事。

我跟達夫有交集，是因為我在二〇〇六年底加入了 Modu 的創始團隊。

當時以色列很多人很看好它，感覺這間公司很有前景，短的時間內就募到一億二千萬美元，雇用超過兩百名員工，在世界各地設立分公司，並開發和生產了兩款 Modu 品牌的消費產品。然而創立不過三年的時間，公司就關門大吉。

對於我和同事來說，那時候真的很煎熬。我們對公司和它的產品有信心，但事實證明我們錯了。然而有趣的在這裡：Modu 這兩百名員工裡，有不少人之後成立了自己的新創公司，就連我也是。在慘烈失敗的廢土之中，長出了無數的新興企業。這些人明明投入了那麼多時間、精力和資源，看著自己的努力化為烏有，他們為何沒有被打敗？他們反而決定投入更多精力、承擔更多風險，開啟自己的冒險。這其實是非常大膽的行為，因為百分之九十的新創都會倒閉，而那成功的百分之十在過程中也常搖搖欲墜。

是什麼動力讓曾經失敗的人——就像我和 Modu 的同事——願意再次嘗試呢？對我來說，我把在 Modu 的失敗當成是專業上的成長，是推力而非拉力。現在我深信，我知道我不該做什麼，下次我成功的機會就更大了。

失敗的優點

對於所有創業家來說，「失敗才有機會學習」的心態至關重要，但是在許多文化裡，大家都會盡可能避免失敗。

然而，上一章也提過，很多心理學家都提出警告，如果在孩子童年剝奪他失敗的權利，他會在成年後付出代價。沒有失敗經驗的人，學不到面對失敗時心理層面和實作層面必要的技能，不會把失敗當成檢視自己哪裡做錯的機會好在下一次改進，而會把失敗當成是自己先天的人格缺失，因此非常難克服。在以色列，失敗通常被視為是人生裡無可避免的一部分，也是可以且需要克服的事物。

以前以色列只有一個電視台（直到一九九三年都是這樣，有點不可思議），名字就叫做「以色列電視台」，擁有電視的以色列家庭都會收看。一九七八年首播的節目「就是這樣！」馬上爆紅，裡面有個很紅的角色叫作耶特札克，要著一頂漁夫帽，帶著以色列國旗和一台手風琴，留著兩撇八字鬍（以色列文化真的滿怪的），在以色列各處旅行。每一集的最後，耶特札克都會跌倒——從樹上跌到河裡、從馬背上摔下來，甚至摔進牛糞堆裡。接著他會馬上站起來說道：「孩子，別擔心，耶特札克一定會跌倒，但也一定會再站起來。」整個世代的以色列小孩都在這種濃厚的氛圍下長大：「不用擔心，就算跌倒了，也一定可以再站起來。」

失敗的不是我，是我的計畫

別誤會我的意思，以色列文化並不鼓勵大家失敗，而是對失敗的容忍力比較高，而且知道用什麼方式接受失敗才能夠再站起來、再努力、再前進、再進步。

心理學家史蒂芬・柏格拉斯（Steven Berglas）提倡，如果我們換個角度看待失敗這件事，是可以克服失敗的。「面對失敗的關鍵，」柏格拉斯說道：「是把『整體的』和『局部的』失敗區分開來。如果你把失敗看作是整體的——因為我爛透了，所以才經商失敗——那就會顯得很淒慘。但如果你把它看作是局部的——『我會失敗，是因為日本人在低價傾銷，而且我的資訊系統副總在最關鍵的時刻離職了』——這樣聽起來就比較有建設性。」[1]柏格拉斯還補充，如果一個人在職場之外還有其他興趣，包含宗教、社區服務甚至是跳傘，通常比較能以「局部」的角度看待失敗，也比較能擺脫挫折，這是因為他的自信心來自於很多面向。

柏格拉斯的話有兩項重點：第一，面對失敗的方式，會根據看事情的觀點和自己對自己的論述，而有所不同。回溯自己走過的路，瞭解自己為什麼、在哪裡犯錯，可以幫助你建構「局部性的失敗論述」，把造成失敗的要素獨立出來。我們可以把失敗當成是發生在自己身上的事，而非自己的一部分。第二，若擁有豐富且有支持力的社群生活和其他興趣，比較能將失敗看作是有意義的經驗，而不會用失敗定義自己。

《大西洋》雜誌總編輯傑瑞・伍希姆（Jerry Useem）曾寫道：「關於失敗，我們要瞭解的事情有三：一、失敗是必然會發生的事。二、失敗的毀滅力量可能超乎你的想像。三、信不信由你，就算是失敗也有正確的失敗方式。」[2] 根據伍希姆的說法，「正確」的失敗方式就是要從經驗中學習，而首先就是要把失敗這件事跟當事人分開。失敗是因為你的所作所為，或發生在你身上的事，並不是定義你這個人。第二步是要正向看待失敗——失敗就是你學習的機會。

對於任何需要用經驗學習的事物，我個人最鼓勵的方法就是動手做，我認為最好的學習方式就是親身經歷，而這個概念跟失敗息息相關。人都需要透過失敗來學習和成長。先前提到的 Modu 公司倒閉後，員工可以反思他們曾犯下的錯誤，而在公司歷經失敗後，他們就可以利用這個機會學習，在自己創業時更知道可以做什麼、不該做什麼。而且因為創業家和企業是兩個不同的個體，創業家就能繼續創立其他企業。

失敗不嫌太早

我的職業賽事生涯裡，有超過九千球沒投進，輸了將近三百場比賽。有二十六次被賦予投出致勝球的任務，卻失敗了。我一生中不斷、不斷、不斷失敗。這就是我成功的原因。——麥可・喬丹[3]

近年很盛行一種風氣，就是不管孩子做了什麼、有沒有達成目標，都會給予獎勵。這種狀況在青少年運動團隊裡特別明顯，只要有參與，每個人都是贏家。但並不是所有人都認同這種做法。《今日心理學》期刊撰稿者蘿拉・米勒（Laura Miele）就不認同：「我的想法跟大多數人相反，我女兒參加的青少年壘球協會秉持著『大家都是贏家』的精神，在我聽來可不是什麼好事。為了讓場上的球員平等，協會改變了規則，免得孩子被三振、觸殺等等。」[4]在這個世代裡，競爭這件事好像染上了壞名聲，但如果我們排除了失敗的機會，會發生什麼事呢？我們這是剝奪了孩子學習的大好機會。

失敗很難受，也就是為什麼沒有經歷過失敗的人，他的動力跟經歷過的人完全不能比。在很多情況看來，失敗其實正是成功之母。

在孩子小時候保護他們不失敗的父母，往往到了孩子長大成人還在這麼做。上一章裡提過的羅伯特・愛潑斯坦回憶道：「我曾經看過家長跑到學校抗議孩子成績太難看。有一次我抓到學生寫報告抄襲，他母親打電話來要求我讓他重寫一份。」CollegeRecruiter.com 求職網站的總裁及創辦人史帝夫・羅斯伯格（Steve Rothberg）表示：「很多父母會幫孩子寫履歷、應徵工作，甚至參加面試。」[5]

我們不得不問問自己，在保護孩子不要失敗的同時，是不是剝奪了他生命中寶貴的學習機會？做為父母，看著孩子失敗可能非常痛苦，但是孩子會不斷學習，每次的經驗都會是未來做事時的範本，也是他瞭解世界的方式。為何不把遊戲、體育競賽和任何事物當成是學習的機會，藉此訓練並增強我們的軟實力呢？

提到適應技能，失敗的心理面向大概是最難面對的部分了。不過，如同這本書裡探討的其他技能，面對失敗也是可以學習、練習的技能。《紐約時報》

文章〈給孩子們失敗的權利〉作者艾許麗・梅里曼（Ashley Merryman）引用了史丹佛大學的心理學研究，研究中發現如果孩子是因為努力而不是成果而得到讚美的話，比較會覺得技能並不是天分，而是可以鍛鍊進步的。這個概念跟創業家也極為相關，畢竟創業不只需要天分和運氣，更需要嘗試、失敗、進步、適應，最後才會成功。

社會心理學家海蒂・格蘭特・海佛森（Heidi Grant Halvorson）提到，如果人失去失敗的機會，那也就失去了創造力。沒有失敗過的人，比較無法面對新的、具有挑戰性的狀況。「我們會擔心犯錯，」她解釋：「因為犯錯代表能力不足，因此帶來焦慮和沮喪，而焦慮和沮喪又會造成工作記憶下降，使表現不佳，影響創造性思考和批判性思維所需的多種認知過程。」[6]如果我們希望自己完美，很可能會失去想要探索、取得新知、學習新技能的能力，或者說無法創新。最後這點很重要；如果一直擔心失敗的話，就不會願意嘗試。這是摧毀創業家精神的標準流程，因為百分之九十的新創會失敗，而創業需要的就是冒險。

既然大人和小孩都可以從失敗中學到實務經驗、又可以幫助心靈成長，而且再嘗試後會因為調整而擁有健康的心態，我們可以得到結論：失敗對於創業家來說是極為寶貴的經驗。失敗是人生中重要且正向的經歷，而且絕對可以克服。

對於我自己來說，我必須承認，不管是身為三個男孩的媽還是職業婦女，我每天至少都有一次失敗的經驗。我學到的一件事是，我很開心我的孩子是在以色列長大，因為以色列人有種獨特的能力，幾乎已成固有的文化，那就是可以面對、討論任何事，不論成功或失敗，並從中學習。美國橄欖球綠灣工隊的傳奇教練文斯・隆巴迪（Vince Lombardi）曾說過：「重點並不是你有沒有被擊敗，而是你有沒有站起來。」[7]

第三階段
追求效率

探索未知，總是令人振奮，感覺好像所有事情都有可能，沒有界線或限制。我們沉迷於自己的想法之中，理論上這是件好事。我們有自信自己提出的方案絕對會成功，而且能改變現況。

隨著事情持續進展，我們面對了現實。透過市場驗證，我們發現自己的假設並不完全正確，計畫不夠實際。所以，我們失敗了嗎？還是這其實是精進自己方案的過程中必經的學習環節？我們絕對需要調整、重新校正，並精煉自己的價值主張。

然而我們並沒有所有的正確答案，也無法預測未來。我們能做的是好好評估自己的能力、事業、長處和短處、擁有的資源，提升執行能力，掌握操作技能。

從現在起，我們得讓自己不管做任何事情，都變得更有效率才行。因為資源有限，所以我們不得不讓成為足智多謀的人。此時我們可以運用自己的創意能力，利用少少的資源成就大事業。為了適應不斷改變的產業環境，我們可以挑戰自己的極限，逼迫自己達成從沒料想過能做到的事。這也是必須的。

第七章

確切的不確定感

「媽咪，我今天可不可以不要上學？我好怕喔，萬一恐怖份子跑到學校怎麼辦？」亞登六歲時，有個週五上學之前這樣問我。

「親愛的，別擔心，」我回答道：「你在學校很安全。」儘管不過四十八小時之前，一名武裝恐怖份子才在特拉維夫市中心發起攻擊，殺害了許多市民，而且還沒抓到。聽起來很荒謬，但我真心相信我的孩子在學校很安全。更令人崩潰的是，有人在距離我們家五百公尺處發現攻擊者的手機，他在執行殘忍的計畫前把手機丟在這裡。你可能會覺得我很不負責任，但我的回答其實很平常，至少在以色列是這樣。

我現在真心相信，學習面對不確定感，發展出「適應持續變換的環境」這種技能，存在於以色列社會的基因裡，我們的孩子從很小就開始學習這些事情。二〇一四年暑假，我的兒子分別是五歲、九歲和十二歲。就如大多數要上班的家長，我覺得兩個月漫長又炎熱的暑假非常困擾，於是我跟平常一樣，幫孩子報名了暑期活動，免得他們太無聊。暑假開始一週，二〇一四年七月七日，加薩走廊附近就爆發了戰事，至八月底巴勒斯坦部隊向以色列發射了四千八百四十四枚火箭砲和一千七百三十四發迫擊砲，且大部分以色列人口都在攻擊範圍內。

在我們居住的特拉維夫，每次火箭警報響起之後，我們有大約九十秒的預警時間可以找尋庇護處所。雖然砲火連天，但暑期活動、家長的工作都仍照常進行；包括我在內，所有家長都在早上上班途中把孩子載到夏令營。我們很清楚，說不定白天某個時間點，孩子的手工藝和藝術品才做到一半，遊戲才玩到一半，就必須躲進避難所裡。

同個暑假有一天，當時快滿十二歲的約拿坦問我可不可以邀他的朋友來我們家玩，我毫不猶豫同意了。跟大多數以色列家庭一樣，我家有一間避難室，所以如果警鈴響了孩子就可以跟我們一起躲進去。果然，那天警報真的響了，十二位十二歲的小朋友、兩位大人和一隻狗全都躲進我家的避難室裡面。外面警鈴大響，我們在裡面開玩笑、唱歌、聊天，警鈴停止三分鐘後，孩子們又回歸原本在做的事情。對我的孩子來說，就算有砲火，這仍然是如常的暑假。

與未知共處

以色列面對的地緣政治環境，使得這個國家不太適合人居，住在這裡需要對無法預測的事有極高的容忍力。對於以色列小孩來說，雖然日常生活裡要逃到避難所是很有壓力又麻煩的事，但他們都已經習以為常，尤其對於住在以色列西南方史德洛特市的人來說更是如此，因為那裡就是加薩走廊的邊界。數十年以來，該市和周邊的鄉鎮隨時都會受到來自加薩走廊砲火的攻擊，不過以色列人對於這種生命的威脅，早已見怪不怪了。

以色列經歷的第一場戰役（一九四八年的獨立戰爭），就挑戰了周遭阿拉伯國家組成的軍事聯盟（包括埃及、伊拉克、敘利亞、黎巴嫩、約旦、沙烏地阿拉伯及葉門）和阿拉伯解放軍。打從七十年前建國以來，以色列已經參與了五場戰爭、兩場以埃消耗戰、數不清的邊境衝突、北邊飛彈襲擊和兩次巴勒斯坦大起義。

以色列絕非唯一長期處在戰爭和恐懼威脅之下的國家，然而以色列獨特之處在於國人面對這種情況的方式，還有人民的韌性。

什麼是韌性？

特拉維夫新年恐攻的一個月前，全球才為巴黎發生的連續恐怖攻擊事件而震驚。法國政府要求巴黎人待在家中，號稱「光之城」的巴黎街道空蕩而昏暗。比利時遭逢恐攻之後，首都布魯塞爾，也就是歐洲議會座落之處，整整封城五天，教育體系、大眾運輸和娛樂場所全數關閉。比利時政府面對各種不確定性——包括恐怖份子出沒的地點、計畫和接下來的行動——因此他們認為封城五天是保護國民的必要代價。

而在世界的另一個角落，以色列人每天都生活在不確定之中。我們每天早上起床都過著如常的生活，但內心深處明白隨時都可能會發生任何事情。

二〇一五年十二月中，一封炸彈威脅信使得洛杉磯聯合學區徹底封鎖，六十五萬名學童待在家不能上學。根據 NBC 新聞所述，美國前兩大學區都收到了相同的威脅信，但反應卻天差地遠：紐約置之不理，而洛杉磯卻決定封鎖學校。不同的反應顯現出面對壓力和威脅時截然不同的態度。

就算是在以色列遭受飛彈攻擊最嚴峻的時刻，以色列的小孩還是每天走路上學。新年攻擊的隔天傍晚，以色列的社群媒體上到處都散布著類似這樣的訊息：「Ouzan 酒吧今晚的派對會照常在晚間十一點舉行。因應當前情況，入場費僅需二十新錫克爾。期待見到你！恐怖份子終究會被擊敗的！」

回到本章一開頭的那個週五下午，恐攻兩天之後仍然未逮捕到那個武裝恐怖份子。不過從警察、特拉維夫市長到以色列總理，大家對特拉維夫市民的說詞都是一致的：保持警覺，同時維持日常生活，包括照常出門。韌性就該是這個模樣。

每個孩子都懂這個概念——不論情況多糟，我們都得要照常過日子。不確定感是一種難以應對的情況，但如果這就是你的日常，那就不一樣了，因此如何應對不確定感，是在以色列長大和生活必要的能力。

既然在以色列生活要面對這麼多壓力、威脅和不確定感，你可能會很訝異，根據二〇一八年 InterNations 家庭生活指數「最佳成家地點」，以色列在五十個國家當中排名第三。法國排名第二十一；美國第四十；巴西最後。[1]

突破逆境

以色列人學會了接受不穩定的現實狀況，創造出具有適應性和韌性力的文化。以色列人不會逃亡到比較安全的地方，而是發展出軍事和民生的維安基礎建設，讓軍隊變得更強大、更有效率，人民則穩健了經濟，開發科技產業，持續貢獻於全球和國內市場。

參戰並沒有減緩以色列國內的發展速度。公元兩千年起的六年間，以色列不僅受到全球科技泡沫的衝擊，更遭受了一段前所未有的激烈恐攻，還經歷了第二次黎巴嫩戰爭。然而，以色列在全球創投市場的股份不但沒有下跌，反而從百分之十五倍增到百分之三十一。事實上，特拉維夫在黎巴嫩戰爭最後一天的證券交易量比第一天還要大，而且這是發生在二〇〇九年加薩走廊連續三週的軍事行動之後。此外，就算在恐攻和戰爭最頻繁的時期，移民到以色列的人數也未曾下降，相反地，戰爭時期以色列仍持續吸引全球的猶太人前往，當然也有創業家和商人。一個國家儘管每天遭受恐怖攻擊，或必須活在被攻擊的恐懼之下，它的產業卻能持續蓬勃發展、吸引移民前往，人民也能照常生活，這是多麼了不起的事。

利用逆境成長

保衛以色列安全這項任務，是一個強大的動機，使人家不斷發明出創新且高效率的科技和解決方案。以色列會持續開發先進的技術，跟上新型威脅的腳步，以保障居民人身安全；舉例來說，以前有用的保衛方式，現在已經不足以應付網路威脅了。雖然聽起來有點不幸，但正是有這些威脅，才驅使以色列的經濟不斷向前。

從「保護自己的安全」這件事之上，可以出現很多有創意的點子，這些點子也可以應用在其他情境。比方說，如果有一種維安科技可以處理軍事威脅，何不把它也應用到市民安全呢？這也是為什麼以色列的軍事和民生產業會如此密不可分——它們會不斷影響彼此。

網路安全就是最好的例子。因為我們迫切需要保衛國家，各式各樣抵禦網路威脅的科技就這樣誕生了，這些科技也可以應用到民生領域，像是用在PayPal、銀行，或任何其他在網路上做生意的公司。

全球網路安全市場龍頭 Check Point 就是這樣成立的。這間公司設立於以色列中心地區，創辦人有吉爾・舒德（Gil Shwed）、馬里亞斯・納赫特（Marius Nacht）和什洛莫・克雷默（Shlomo Kramer）。舒德服務於以色列國防軍八二〇〇情報部隊期間，發想出全球第一項VPN（虛擬私人網路）產品，該部隊的地位相當於美國國家安全局。現今Check Point的軟體為全球各大產業使用，客戶包括大多數財星一百強公司以及許多國家政府。公司目前市值一百八十億美元，已在那斯達克證券交易所上公開交易。

以色列的國家安全危機，反而成了科技和經濟發展的沃土，用這樣的想法思考時，事情就會變得很不一樣。把威脅當作是挑戰，可以讓威脅變得不那麼可怕，變成是能夠解決的事。以色列人不因威脅而感到無助，反而為了保護自己而親自動手、積極參與，同時也對國家的財政做出貢獻。同樣重要的是，以色列人把國家安全的困境，轉變成能夠讓自己在其他面向更強大的東西。

駕馭壓力

一位健康心理學家凱莉・麥高尼格（Kelly McGonigal）對於壓力有種有趣的看法。「改變對壓力的看法，可以讓人變得更健康嗎？」她問道[2]。我們通常都會想辦法避免有壓力，經常根據壓力的多寡選擇職涯方向，試著不讓孩子因為學業成就或新聞裡的事件覺得有壓力，進行多種釋放壓力的活動，像是瑜伽和冥想。

但麥高尼格提倡別種面對壓力的方式。她認為如果能正面看待壓力，我們就能用善用壓力。不要把壓力看成是抑制表現的因素，而是把壓力當成生理和心理的機制，它會協助我們度過難關。麥高尼格解釋道：「下次覺得有壓力的時候，就記得我說的話，想著『這是我的身體在幫助我面對挑戰。』這樣看待壓力的時候，你的身體就會對你有信心，而你的壓力反應就會變得比較健康。」

麥高尼格的觀點呼應了我對於「處理壓力、從錯誤中學習和培養韌性」的想法：把每次經驗當成是發展技能的機會，就像運動是為了發展肌肉張力一樣。透過練習，我們可以學會怎麼調適壓力，把有壓力的情境變成學習和發展的機會。

讓人與人更加緊密

我們無法事前預知警報什麼時候會響、警報響起的時候我們會在哪裡，也不知道那時候誰會在身邊。但是發生的那一刻，我們就會如同之前無數次的經驗奔逃到最近的避難室，遇見處在相同情境的人。突然間，一群似乎無交集的人一同擠在一個房間裡，彼此或許開開玩笑，或許聊個天，然後發現彼此曾在同一個軍隊單位服務過。總之，他們會建立人際關係。

近來幾次在加薩走廊或黎巴嫩有火箭砲出現的衝突裡，國內各處都有許多人和機構伸出援手，幫助砲火攻擊範圍內的區域。舉例來說，有幾個城鎮不斷受砲彈攻擊，只好取消所有夏令營。很多這些孩子的家庭都被邀請跟以色列北方的家庭一起居住，這些北方家庭中，有些人曾經在第二次黎巴嫩戰爭（二〇〇六）時被南方家庭接待過。這樣的安排不僅常見，而且通常都是自主進行，由想幫助他人的市民透過社群媒體組織規畫。

有人認為，在危急時刻人更會團結，彼此更支持、幫助，麥高尼格認為這種團結是來自於一種叫做催產素的神經荷爾蒙。她解釋，催產素可以「調整腦內的社交直覺，讓你想要做出能強化親密關係的事情。催產素讓人想要跟朋友和家人有肢體接觸，它會增強你的同理心，甚至還會讓你更願意幫助並支持你所在乎的人。」

她補充道，其實很多人都會忽略，催產素是一種由腦下垂體分泌的壓力性荷爾蒙，是壓力反應的一部分，因此催產素跟腎上腺素一樣，是壓力調適機制裡不可或缺的環節。催產素會刺激人想要尋求支持。壓力來臨時，人的生物反應會讓我們想要跟別人分享自己的感受，尋求支持，而非自己解決或壓抑它。這樣的反應機制是為了確保我們會注意到生活中有人遇到困難了，而我們可以為他做點什麼。「生活難過的時候，」麥高尼格表示：「壓力反應促使你停留在關心你的人身邊。」

如果用以色列的脈絡來看待壓力的社會面，就可以瞭解壓力如何使我們已經非常複雜的社群網路更為緊密。不管是黎巴嫩戰爭時的北方居民或持續性飛彈攻擊時的南方居民，大家不只是想要幫助現在受到攻擊的人，這些事件更代表了集體的國家經驗。壓力是以色列文化的一部分，是我們共享的歷史，是我們團結的原因。

難怪長期在不確定感下長大的以色列小孩——他們被教導該如何面對這種情況——可以發展出在人生所有面向中應對不確定感的重要技能。也難怪這麼多以色列人會被創業領域吸引，因為那裡有著各種挑戰和不確定感——令人有歸屬的不確定感。

第八章

風險的管理

回想十五歲的你，第一件想到的事是什麼呢？或者，若你家跟我一樣剛好有個十五歲的青少年，你會怎麼描述這個小孩？我會用到五花八門的形容詞，而且範圍超廣，從「瘋狂」到「勵志」，從「好笑」到「有深度」，從「不負責任」到「盡心盡力」。你可能會想：這些形容詞不是相互矛盾的嗎？怎麼有辦法用在同一個只有十五歲的孩子身上呢？

和世界各地大多青少年一樣，以色列的年輕人成長時也歷經許多心理掙扎，他們會思考自己存在的意義，越來越嚮往獨立，也渴望逃離社會常規的束縛和父母的掌控。但他們在這個階段只有五、六年的時間可以盡情揮灑青春，做各種大膽嘗試，犯各種錯誤，而且父母會一直關心並監督孩子的狀況。

這個階段會在大多數人被徵召入伍時嘎然而止，因此以色列人很珍惜這段時期，也認為必須保障孩子擁有這麼一段青春無懼的時光。以色列社會願意給孩子幹傻事的機會，十六、七歲的青少年若做了些不該做的事，通常無須面對可能會改變一生的後果。以色列社會期望孩子，甚至說很鼓勵孩子去探索生活的各方面，因為一旦入伍，很多事情就沒機會嘗試了，甚至退伍後很多事情也沒什麼機會做了。

事實上，在希伯來文裡面，把這個階段的孩子稱為「成人」，而非「青少年」，當然，這個詞彙正好暗示孩子「成」為大「人」的過程。但如果要說更常使用也更口語化的詞彙，你會聽到以色列人稱混亂難搞的青少年時期為「傻憨時期」（用正宗希伯來語 tipesh esre 來發言，格外悅耳）。

以色列人愛用「傻憨」形容青少年，聽起來像在羞辱人，其實這詞彙沒有負面含意。正值「傻憨時期」的以色列青少年和美國「青少年」受到的待遇截然不同。沒錯，世界各地十二到十八歲的孩子都很有機會幹傻事，但以色列社會往往能原諒孩子幹傻事，甚至還會鼓勵他們做各種大膽的嘗試。

這有部分是因為以色列的青少年階段有條很明確的終止線：以色列青年十八歲就必須從軍，不像其他國家的十八歲年輕人通常會繼續升學，還可以享受「延長的青春期」，大多數以色列人時間一到就必須入伍。

十八歲的義務兵役，迫使年輕人必須面對意識形態和政治問題。他們一定要面對國家議題，因為在不久的將來，他們必須積極承擔起國家賦予的責任。以色列從建國以來一直如此，這樣的做法也讓年輕人在國家舞台上常能扮演藝高人膽大的關鍵角色。

站上前線的青少年

一九三六年，英屬巴勒斯坦託管地爆發了阿拉伯人民起義，而且該行動從起初的「公民不服從運動」演變成武裝游擊隊專門攻擊英國人和猶太人的暴力抗爭。阿拉伯人憤怒反抗的原因是當時歐洲反猶太情緒越來越高漲，導致大批猶太人湧進該託管地，對原居的阿拉伯居民造成重大衝擊。

對於阿拉伯起義造成的安全威脅，猶太人有因應手段叫「高塔與圍欄」。從一九三六年到一九三九年，猶太復國主義的移民幾乎是在一夕之間就靠著蓋起高塔和圍欄，建立起一個個屯墾區。全國上下有五十七個猶太人屯墾區都是這樣建立起來的，其中包括埃利亞地區（第一章提到的瑪卡·哈斯，就是率先在這裡把垃圾場變成兒童遊樂場）。

當時參與「高塔與圍欄」秘密營建計劃的人，有很多都是猶太青年組織的青少年成員。「塔」的靈感來自於童軍會在營地搭建的建築物，建塔的原料都是事先準備好的，容易垂直堆砌且十分堅固。

高塔與圍欄運動有許多層面都很值得關注，其中一項便是以色列人總是能想辦法把事情做得又快又好，但在這個歷史大事件中最值得注意的是：有許多青少年積極參與了建國行動。

以色列童軍團（Tzofim）是什麼？

高塔與圍欄運動不是第一次、也絕不是最後一次以色列青少年幫忙建立和打造自己的國家。一九四八年以色列獨立建國之前，這個國家就出現過很多青年運動。支持猶太復國主義的青少年致力服務貧窮的移民社區；在以色列建國前後，這些青少年也在新的屯墾區周圍幫忙蓋圍牆、在瞭望塔上輪班守衛家園、在戰地醫院當志工、在戰地和屯墾區服務、幫忙照顧父母外出工作的孩童，讓自己的身體和心靈都準備好加入建國大業。

以色列建國後，到今天大多數青少年都會參與青年組織，而這些組織的任務就包括前段所敘述的站衛兵、在屯墾區服務等等。以色列有超過五十五個青年組織，成員超過二十五萬六千五百人，還有兩萬六千八百名女童軍，而且人數每年持續上升。雖然青少年參與的活動會隨著時間而改變，但參與活動的心態是不變的：發展與守護以色列，守護以色列的價值、安全、和人民的福祉。

其中規模最大的青年組織是以色列童軍團，成員超過八萬五千，服務範圍超過兩百零五個部落。雖然以色列童軍團只是眾多青年組織之一，但規模非常龐大，非常有名，也非常努力推行各種活動，因此童軍團是公認為最能體現青年組織該具備的服務精神。

一點點背景故事

在希伯來文中，Tzofim 就是童子軍的意思。童軍運動始於英國；過去很多父母會讓孩子透過戶外活動學習各種技能，培養良好品德，童軍運動就成為很多孩子會參與的活動。

直到今天，童軍組織仍舊重視各種戶外活動，像是露營、在森林進行野外求生、爬山、輕裝旅行或各種競技運動。童軍組織鼓勵成員當志工，從實作中學習，以培養責任感、自立更生的能力、合作精神與領導技能。目前童軍組織的規模已擴及全世界，全球各地共有超過一百六十四個國家級組織以及超過三千八百萬名童軍與女童軍。表面上，以色列童軍團似乎跟世界上其他童軍組織差不多，但仔細觀察就會發現有些驚人的關鍵差異。

我們先很快看一下美國和英國的童軍組織介紹。美國童軍網站以下面這段文字說明加入童軍有什麼益處：「參加童軍能讓你體驗美好的戶外活動。身為童軍，你會學到如何露營、如何在野外行走且不留痕跡、如何照顧這片土地。你可以近距離觀察野生動物並探索周遭的自然環境。你可以學到非常多的技能，而且你還可以和他人分享你所學到的技能。」[1] 如果你點擊英國童軍網站上的「關於我們」的連結，會看到很類似的文字：「童軍會參加非常多元的活動，像是划獨木舟、沿繩垂降、海外探險、攝影、滾人球遊戲。加入童軍你可以學到各種生存技能、急救方法、電腦程式，甚至還能學習開飛機。每個人都一定能找到喜歡的活動。如果你想開開心心交朋友、享受戶外活動、展現創意和更貼近大自然，參加童軍是非常棒的選擇！」[2]

參加這麼多種挑戰體能的活動，對孩子來說的確是非常充實且具啟發性的體驗。這也是為什麼以色列童軍團也非常鼓勵孩子參與這些活動。然而，如果你到以色列童軍團的網站點擊「關於我們」，會看到以下訊息：

> 童軍團是推行猶太復國主義的國家級青年組織，我們的任務是要建立並發展一套行為準則，灌輸孩子良好的思想和價值觀，讓來自以色列各地的兒童和青少年能積極參與各種社會運動，以強化個人發展並獲得心靈上的充實和喜悅。以色列童軍團引導成員培養正確的價值觀並認識猶太復國主義，我們的宗旨是要建立一個支持猶太復國主義的以色列社會：人人品德高尚、急公好義，能滿足全民需求並提升全民福祉。我們重視特殊人口族群間的整合、支持賦予外來移民各項權利以協助其融入社會、並致力加強國內外猶太公民對以色列和猶太身分的認同，無論作法為何，本團主要目標都是要盡可能吸引更多年輕人加入。今天我們這麼做，是為了打造一個更美好的明天。[3]

由上述文字可看出，英美童軍和以色列童軍團的「關於我們」有非常明顯的差異。雖然以色列童軍和其他國家的童軍一樣會從事許多戶外活動，但在以色列童軍團的「關於我們」完全沒提到戶外活動，反而介紹這個組織背後的意識形態，說明參加一個具有社會教育功能且頗具規模的組織有什麼意義。

以色列童軍團誕生於一九一八年，當時居住在巴勒斯坦的猶太人急需人力來建設自己的國家，發現青年組織能在實際面上做出非常大的貢獻，例如能幫忙建設（幫忙建立屯墾區）、保衛社區安全、協助農作。另一個迫切的社會需求是：當時非常需要一個全國性的組織來整合即將歸國的猶太人以及國內的猶太人社區，還要在一個教育制度尚未建立的時期肩負起教育兒童與青少年的責任，而青年組織正好可以團結從不同國家歸來的年輕人，還能夠讓年輕人瞭解猶太復國主義、猶太教、工作和社會責任的重要意義。

因為當時還沒有行政官僚體系（別忘了這時距離以色列正式建國還有幾十年），剛歸國的移民被迫在一個陌生又百廢待舉的環境裡生活，什麼都要靠自己。而這時的青年組織正好能夠團結向心力薄弱的人民，加強大家的信心，靠的便是向所有人宣導一個重要目標：建立一個真正屬於猶太人的國家。這個目標現今仍是以色列童軍團的核心價值。

比較以色列童軍團和其他國家童軍的目標和從事的活動，就會發現以色列童軍團更為社會導向。因此，即使以童軍團發源於英國，其思想基礎來自自由德國青年組織（Free German Youth），但放在以色列的時空背景下，就變成非常具有以色列獨特風格的組織。

大人到哪去了？

Madrich：在希伯來文中，這個字意為「嚮導、指導者」（以下簡稱指導員），而且通常是在學校以外教授技能的情境中會用到的詞彙。這個字源自於 derech，意思是「道路、方法」，所以指導員要做的事情就是指引方向。

Chanich 源自於 chanicha，意為「啟蒙」，所以 chanich 指的是正在受訓的人（以下簡稱學員），像是學徒，藉著實作來學習。

每一個學員都有個指導員，反之亦然，他們因為彼此才有存在價值。如果直接用「徒弟」和「師傅」來翻譯這兩個字，就無法看出原文本身的涵義。原文本身暗示著：每一次學習中都包含了教育與指引方向的過程。

六月的第一週，也就是在學年結束的三週前，我兒子亞登帶回一張通知單給我們看，上面寫道：

六月五日星期二，我們將會為三年級舉辦第一次童軍集會，為來年活動做準備。如果您的兒子或女兒有興趣參加，我們會於下午四點在學校大門口接他們，再帶他們走到部落集會場地，他們也可以四點半直接在那裡跟我們會面。六點半我們會再陪孩子們走回校門。我們很期待明年的活動，也期待週二能看到您的孩子。謝謝您。

新指導員

沒錯，就是這樣，沒有指導員的名字，沒有電話，什麼聯絡資訊都沒有。你會讓你的孩子跟著你連名字都不曉得的指導員去參加青年組織集會嗎？反正我們讓孩子去參加了。

到了當天下午四點，亞登班上有二十五個孩子在學校門口等人帶他們去集會，然後一起走到被稱作「部落」的童軍集會地點。兩個小時後走回學校大門時，每個孩子都因為開啟了人生新篇章而興奮不已，很開心能加入青年組織。我到現在還是不知道當時帶路的指導員叫什麼名字，但我知道他或她還沒高中畢業。不過，那天亞登十三歲的哥哥丹尼爾在部落基地看到亞登後，特別傳訊息跟我說：「媽咪，亞登跟同年齡的人在一組，他超開心的！」我只需要聽到這些就放心了。明年，丹尼爾會受訓成為指導員，負責帶領十歲的孩子。

以色列童軍團有一項指導原則就是：請家長盡量不要干預童軍活動。就歷史經驗來看，這的確是必須的。打從一開始，所有的任務或行動都是由孩子獨立構想、籌劃、執行；在過去，童軍不需成人引導，現在也幾乎不用。以色列童軍團是一個為孩子而創的組織，也是由孩子掌舵的組織。他們幾乎可以完全靠自己，能設定自己想達到的目標，計劃自己要進行的活動。因此我們可以說，這個組織其實是由每個人大大小小的精彩故事所構成，其中一個就是沙希·班·約瑟夫（Tsahi Ben Yosef）的故事。

沙希從很小就把童軍活動當成他的生活重心。他小小年紀就加入以色列童軍團，並且受到組織熱情的歡迎，多年來擔任過各式各樣的幹部。一開始他只是個培訓員，後來一路往上成為指導員、小隊長、再成為部落領袖。他曾經代表組織前往歐洲，也曾經在以色列的亞夫內城市建立第一個童軍部落，又首創父母指導員團體，以上這些行動全都受到組織的大力支持，至今仍在進行中，只是已經由別人接手主導，而且這些「別人」全都不到十八歲。

沙希曾在以色列軍事情報局服役六年。兵役結束後，他成為總理辦公室的專案經理，後來又成為AlgoSec企業的產品經理。無論是在軍隊還是政府服務，他都能輕鬆勝任，畢竟他從八歲就開始主導許多活動企劃了。

沙希一定會踏上創業之路，何時開始只是時間問題而已。等他真的要創業的時候，他認為教育產業是最適合他創業的領域。二〇一二年，他共同創辦了LotoCards，這是一個獨特的教育平台，專門為孩童設計配對遊戲和益智遊戲。一年後他共同創辦了RoadStory，這是一個為兒童設計的行動平台，上面有即時互動的影像地圖。二〇一五年，他和兩位軍中同袍共同創辦數位量測分析公司Crossense，擔任該公司執行長；後來這家公司被Toluna相中買下，而沙希也成為Toluna數位產品的副總裁。

沙希深信以色列童軍團的訓練對他有非常深刻的影響。他說：「組織裡大大小小的職位都由孩子擔任，從最年幼的學員到最年長的指導員都可以擔任幹部。童軍部落的首領通常由一名家長自願擔任，主要任務是確保孩子們的安全以及給予精神上的支持，除此之外所有任務都由孩子主導。」[4]指導員由十年級到十二年級的青少年擔任，負責籌劃部落內所有教育和娛樂活動：包括每週常態活動、志工服務、小組討論和籌辦夏令營；學員則通常是年紀比較小的成員（通常從四年級開始）。這種超年輕的階級結構是以色列童軍團的獨家特色，其他地方童軍組織的指導員和顧問通常都是十八歲以上。

這樣年輕化的階級結構讓青少年有責任去教育比自己小不了多少歲的孩子，這樣的體系也凸顯了以色列人如何看待他們的青少年。我真的必須再次強調：雖然青少年可能很容易幹傻事，但以色列人還是認為他們的青少年應該要積極打造自己的未來，培養實用技能和社交能力。後面幾章還會回來談青少年的責任和獨立，我們現在先來看童軍組織是如何鼓勵成員自由思考、自由表達。

不像傳統的教室授課，以色列童軍團的學習活動讓參與者互相討論，一起腦力激盪，從事戶外運動或擔任志工等等。透過這些著重實用技能的活動，學員和他們的指導員共同創造出一個學習社群，一起累積知識。

不管在哪個階段，指導員都不會照本宣科教授學員固定的東西。他們每個人受過的訓練和學習過的教材也不盡相同。組織期望指導員能自由發揮，善用他們當指導員這幾年的經驗，自己琢磨如何從帶領學員的過程中讓彼此有最充實的體驗。知名的創新學習專家基斯・索耶（Keith Sawyer）博士曾經說過，這種自發性的彈性教學方法成效奇佳，而以色列童軍團提供的正是索耶博士推薦的學習環境——「一個歡迎各種可能的學習環境，未事先制定任何模式，參與者透過互動交流學習，而且任何一位參與者都有機會在互動交流中做出貢獻。」[5]所以，有次以色列超頂尖商業主管亞爾・賽魯西（Yair Seroussi，曾任摩根史坦利以色列區主管、以色列最大銀行工人銀行前董事長）跟我說以下這些話，我一點也不驚訝：「我當銀行董事長的時候曾經要求，公司裡無論是哪個層級的主管都應該有童軍領袖（以色列童軍團的部落領袖）的心態，領導團隊時要負責、可靠而且不怕做決策。」[6]他的想法源自於個人和他兩個姊姊的經驗，他年輕的時候參加過特拉維夫市的以色列童軍團，兩位姊姊在組織裡也非常活躍，為他樹立很好的榜樣。他認為既然十七歲的童軍「主管」能優秀地帶領團隊，以色列最大銀行的主管們一定也可以。「我的高中生活沒在我腦海裡留下多少印象，我所有青少年時期的記憶都是來自以色列童軍團。」所以不意外，他堅持要他兩個女兒加入以色列童軍團，並看著她們在超棒的學習環境裡成長茁壯。

創意、自由發揮、即興創作

一日之計，莫如植穀；一年之計，莫如植樹；世代之計，莫如樹人。

雅努什・科扎克 Janusz Korczak[7] *

以色列童軍團每個活動的核心元素都是創意思考、自發性學習和即興發揮。沙希・班・約瑟夫說明了這些三元素如何運用到日常生活中：

即使在每天例行活動裡，我們也要學習跳脫框架思考；以色列童軍團很多年度企劃（像是一個為期三到五天的夏令營）都很鼓勵跳脫框架思考，由指導員帶領自己團隊裡的學員進行。要討論的主題和價值觀由整個童軍部落的資深階級指派，但他們最多也就是指派個非常籠統的議題，例如「何

* 譯按：管子曾說「一年之計，莫如樹穀；十年之計，莫如樹木；終身之計，莫如樹人。」與科扎克此句名言意思十分相近，因此借用管子所言稍作改編。

謂正義？」其他活動細節全都由十六到十七歲的指導員自行規劃。沒有人會給指導員詳細的課程計劃，他們必須自行決定如何和自己帶的孩子們探討某個主題。他們問問題的方式和語氣都必須根據自己帶領的團隊來調整，他們也必須很清楚團隊學員的能力與喜好，還要瞭解學員的舒適圈並設法激勵學員走出舒適圈。這些事情全都由指導員自己想辦法完成，而且他們必須讓每堂課程對年紀較小的學員來說都是創新、有趣、非常有吸引力的。此外，每年都有高級指導員畢業（已經十八歲並準備入伍服役），於是會由另一批充滿熱情的十七歲指導員來接手領導任務，繼續創新，做出卓越貢獻。例如說，因為想做些過去從未有人做過的事，新上任的指導員會為了某次夏令營精心設計出許多極有創意活動。組織不會要求這些青少年遵循特定的規則或是從事特定的活動，組織給他們的是一個可以自由發揮的舞台，讓他們在舞台上盡情展現自我特質或證明自己的能力。

不過以色列童軍團能有這麼強大的創意能量，並非只因為組織提供舞台，另一個原因是這個組織的結構。亦即，每年都會換新一批的高級指導員，而且這些人都新官上任三把火，非常積極想做出不一樣的成績，才能讓創新的能量深植整個組織架構之內，且成為以色列童軍團的核心元素。

一個充滿創業精神的環境

創業需要的其實不只創意。如果你問目前住在特拉維夫市的連續創業家娜基斯・艾隆（Narkis Alon），她很可能會跟你說她最寶貴的童年經驗就是和家庭與社區培養出很深刻的歸屬感。

她父親是以色列知名數學家和電腦科學家諾加・艾隆，母親是專門處理勞資糾紛的律師，兩人形成娜基斯人生中第一個支持圈。她從孩提時代到青少年時期，參加了不少具啟發性和教育意義的活動，從很小就被引導走向自我實現的大道上。

在家庭和學校之外，她是個非常認真的以色列童軍團幹部，這個童軍組織讓她有了方向，並獲得管理經驗和啟發創意的機會，而且最重要的是，讓她擁有一個專屬的社群。她十八歲加入了以色列王牌情報組織八二〇〇部隊，在這裡她繼續發展從小到大不斷培養的創業精神。

結果她退伍的時候反而覺得非常不習慣。因為她從小到大都生活在像大家庭一樣的社群裡，給她源源不絕的支持以及許多學習的機會，退伍後突然被丟進一個完全不一樣的世界，讓她有點驚慌失措。因此，她像大多退伍的士兵一樣先到國外旅行一陣子，等她回國後，她就知道自己該做什麼了。

娜基斯目前致力於打造社群、建立支持體系，協助個人成長與專業發展。二〇一一年，她共同創辦了Ze Ze，這是個為貧困社區創造工作機會的組織，方法是創立、管理和發展能永續經營的社會企業。二〇一三年她共同創辦高升學院（Elevation Academy），擔任商務總監，協助整合力量較薄弱的社群（包括殘障人士、極端正統猶太教徒等等）進入創業領域。接著她完成了特拉維夫大學心理系和電影系雙學士學位。然後在二〇一六年，她共同創辦了專為女性創業家設立的國際社群Doubleyou.life，而且目前擔任執行長。

對娜基斯來說，正是以色列童軍團的社群特色，讓它成為培育創業精神的理想環境。她說：「我對創業精神的認識就是從以色列童軍團開始。」[8]正如我們之前提過的，所有的童軍活動都是由成員自己企劃執行，這代表從一個想法的產生到最後的執行，都掌握在孩童和青少年手裡。一個活動是否能成功，端看孩子們的能力，以及是否能從錯誤中學習。例如在夏令營裡，學員會學到理想面和執行面的差異，他們必須負責籌辦整個夏令營活動，而且還必須自行設計獨特的小木屋。

「一個企劃要成功執行，必須歷經好幾個階段，而這些階段剛好可以對應到創業時必須歷經的階段。」娜基斯說：「首先是必須向別人說明你的企劃，設法贏得他人精神上或金錢上的支持，還要招募人手來一起完成這個企劃。最後，你還要成為一個別人願意合作的對象，要讓別人對你的願景有信心。整個過程是極為了不起的體驗。」

以色列童軍團的學員和指導員每年都在進步，承擔越來越多的責任，他們面對的挑戰也會也來越艱鉅。這能讓每個人瞭解到自己的專長（並非只瞭解自己喜歡什麼），以及還有哪些地方需要加強。娜基斯回憶道：

我十一年級的時候，以色列童軍團非常強調創新，希望我們能做一些之前從來沒有人做過的事。我那時被指派為小隊長，我這隊當時正在弄一個連鎖反應的機器，我的童軍部落裡從未有人做過類似的東西。後來我這個小隊被推舉為整個部落的核心小隊，而且和其他部落競賽時我們還拿到第二名。從這次企劃我學到很多：我發現我很擅長招募人才，也很擅長把自己的理念灌輸給別人，讓我的願景能在企劃執行的過程中不斷激勵我的夥伴；我發現我統籌能力很強，但同時我也發現我不喜歡站在籌劃者的角度思考。

娜基斯把過去在以色列童軍團學到的一切應用在她豐富充實的創業職涯中，她補充說：「孩子在以色列童軍團裡碰到的挑戰不只有時間管理技巧，還要學著與他人應對以及管理他人。這些技能當然可以用很多不同的方式學到，但我認為以色列童軍團最特別的地方是它給你機會認識自己。」

第九章

讓孩子去做吧

所有以色列青年組織的共同理念，就是要讓青少年融入地方和國家社群。多年來，不同青年組織的成參與各式各樣的社區型活動，有時是在他人籌辦的活動裡當志工，有時是自己發起新活動；不同年齡層的團體都會根據自己的能力做出貢獻。他們的貢獻多不勝數，包括去探訪老人家（特別是大屠殺的倖存者）、幫忙蒐集與分配食物、教年輕的難民希伯來語等等。

我兒子參加過最有意義的活動之一是為來自非洲的難民小朋友慶生。跟我兒子在同一個童軍部落的幾個孩子，幾乎每週都會辦一個派對，不但會準備蛋糕蠟燭，還有各種活動和小遊戲，當然還有禮物和歌曲，來為當週出生的難民小朋友慶生。對大多數難民小朋友而言，這是他們此生第一次這麼歡樂地慶祝自己的生日。

青年組織的成員若能參與更大社群的活動，通常能獲得非常深刻、甚至有可能改變一生的經驗。他們和同儕一起認識所屬的社群並為社群服務的經驗，常能讓他們（無論是個人還是團體）踏上意料之外的人生道路。

奶油寶天使（Krembo Wings）

奶油寶（Krembo198）是一種甜點，以一塊餅乾為基座，上面堆著蓬鬆如棉花糖的鮮奶油，奶油外層再包覆一層巧克力。奶油寶被公認為以色列冬季人氣點心，銷售期間為十月到二月。

奶油寶天使的故事要從十六歲少女阿蒂．阿爾舒勒（Adi Altschuler）開始說起。阿蒂十二歲的時候，就開始在專門為殘障孩童提供各種課程、服務和設備的組織當志工。於是她認識了患有腦性麻痺的三歲小朋友柯比，兩人感情變得非常好，阿蒂覺得自己就像柯比的家人。雖然兩人無法用言語溝通，卻發展出一段很獨特的情誼。

阿蒂發現柯比最期盼的是和朋友相處。在一次訪談中，她跟以色列媒體

NoCamels說：「我知道他非常喜歡跟別人互動，但（在學校之外）他能互動的人只有他的家人跟我。」[1]

二〇〇二年，十六歲的阿蒂加入非營利青年領袖組織LEAD，該組織讓以色列青少年有機會親自籌劃、實施和管理各項社區型活動。按照組織的規劃，阿蒂必須選一個她很關切的議題，設法解決。於是在二〇〇二年底前，阿蒂發起了奶油寶天使計劃。一開始規模很小，主要是為柯比和他的同學辦活動，大小事務都由阿蒂一手包辦，還要和小朋友的家長協調以及安排交通方式。「很快地，」阿蒂說：「越來越多家長、朋友和教育人士聽說我在做的事情，他們都希望我能把計劃規模擴大。然後，所有事情就這樣突然開始飛快進展。」即使組織迅速發展，阿蒂仍舊維持奶油寶天使的基本體制：奶油寶天使是由青少年成員主導（這點和大部份的以色列青年組織相同），專門為行動不便、認知或感知障礙的孩子們服務，致力讓這些孩子有機會開心地與他人交流，真正成為以色列大家庭的一部分。青少年成員不只參與活動，還要負責引導、教學、管理和籌劃。他們要主導和安排活動、管理志工、居中協調、確保一切順利。因此很自然地，這個組織的任務也讓這些志工顧問培養出領導能力。

幾年下來，奶油寶天使的規模逐漸擴大，成為非常知名的青年組織，擔任主席的阿蒂回想起她的初衷：「這個組織的創立是為了讓柯比和其他跟他一樣的孩子能開心享受社交生活，這樣他們就不會孤單，也讓他們和一般人擁有相同的機會。不過事實上，這個組織的創立不只是為了他們，還為了我自己，為了我們所有人，為了讓我們永遠不需要孤軍奮戰。」

幾年前阿蒂曾說：「一開始，我們只是一群十六歲的青少年。沒有什麼願景、策略或經營計劃。」但阿蒂和奶油寶天使組織於二〇〇九年獲頒以色列最高殊榮總統志工服務獎，二〇一四年時代雜誌評選出六位未來世界領袖，阿蒂名列其中。同一年，她應邀到聯合國發表演講，說明社會企業的創設者如何能促進發展中國家成長。奶油寶天使組織的核心理念就是：青少年有能力也有義務改善他們生活的世界。讓一個十幾歲、正值「傻憨時期」的女孩或男孩管理超過七十個志工、還要服務數十個有特殊需求的孩童，聽起來很不可思議，但以色列的父母們和很多組織都是這樣做的。

奶油寶天使在莫迪因市分部的前部長希爾說：「（在組織裡）你覺得你正在負責重大的任務，會讓你迅速成長。你學到如何管理，還有如何應付艱難的情況。有些大人跟我說他們是到三十歲才坐上能管這麼多人的位子。」更不可思議的是，其實沒有人把責任「強加」在這些年輕人身上，他們是自己歡喜甘願承擔起責任。沒有人要求阿蒂創辦奶油寶天使，是她自己主動發起這個計劃，從零開始創辦，而且那時她才十六歲。如今她是個極具聲望的社會創業家，而且幸運的是，還有很多跟她一樣的人。

青年領袖

雪倫．費雪（Sharin Fisher）還是十六歲高中生的時候，專精於科技和商業訓練的以色列情報組織八二〇〇部隊已經非常出名；任何人只要能通過測驗，就可以成為該組織的終身成員。

雪倫很幸運，她在準備這項測驗的時候，擁有所有她需要的支持。她自己親自挑選課程和課外活動，研讀阿拉伯文和電腦科學，而且她的家人和學校都全力支持她。

時間飛越到二〇一三年，雪倫已經準備好要開創自己的事業。因為在她的成長過程以及在八二〇〇部隊服務期間總能得到滿滿的支持，因此她的目標就是要複製這樣一個支持體系，她也知道要栽培出一批未來的網路和電腦專家，必須從小開始。

因此，她在德州大學和赫茲利亞跨學科研究中心（以色列的數據資訊中心）拿到了外交、戰略和國際關係碩士學位後，她創辦了TechLift，後來成為以色列第一個科技青年組織，創辦宗旨是「培養能加入八二〇〇部隊的人才」。這個計劃激勵許多七年級到十二年級的青少年追尋更高的成就，提供他們未來參與科技創新或創業的必要技能和條件。

正如很多以色列的創新成果，TechLift也是因應需求而生。雪倫說：「對我來說，創立組織的動機出現在當兵的那段時間，我在八二〇〇部隊待了八年……八二〇〇部隊常會面臨生死攸關的問題，要解決這類問題，就必須跳脫框架思考。」[2]

像八二〇〇部隊這樣的軍事單位在訓練士兵時，會特別著重如何解決無法預測、且似乎無法解決的難題。用舊方法來解決新問題是行不通的，這也是為什麼八二〇〇部隊總是要求士兵發揮創意。

有次八二〇〇部隊的資深軍官因為人才嚴重短缺，於是找雪倫問怎麼辦，這時她就知道她必須想出全新的點子來解決問題。她說：「問題是這樣的，六千名擅長科技領域的高中生裡，只有不到百分之十願意參加八二〇〇部隊的選拔，而最後通過的只有兩百人。然而，網路安全方面的威脅日益增加，部隊每年至少需要招募一千人才夠。看得出部隊有多缺人了吧！」而且八二〇〇部隊缺人可能會危及國家安全。

雪倫面臨軍隊招不到人的問題，她先尋找問題的源頭。「我發現，軍方接受的人才，都是我們教育制度培育出的人才，所以如果軍方人才短缺，那問題來源就是我們的教育制度。但是話說回來，我們又怎麼能期待教育部突然之間訓練出專精於（網路安全）這個領域的一批老師？畢竟這個領域是最近十年才剛冒出來的。」雪倫說得沒錯，學校現在使用的教學方法並不足以應付二十一世紀的挑戰。她又說道：「我們必須教孩子如何應對目前還不存在的問題。孩子必須學習如何學習、如何發揮創意，而不是只學些舊有的方法以及如何應用這些方法。只有透過這樣的教育，我們才能真正瞭解如何自主學習，才能真正積極打造下一代的未來。」

雪倫服完兵役後決定主動創造一些改變。「有一次我受邀擔任某個駭客馬拉松競賽的評審，看到很多孩子對科技充滿熱情，但缺乏管道學習。雖然有些很知名的網路教育計劃，但以色列大多數孩子都無法參加。即使以色列被稱作『新創企業之國』，但在高科技產業或新創企業工作的以色列人比例還很低，這使得以色列在已開發國家之中的貧富差距很大。以色列有很高比例的人口，包括極端正統猶太教徒、新移民和阿拉伯人幾乎都沒有參與創業或高科技的領域。」

瞭解問題以後，雪倫就創辦了青年組織 TechLift，教導任何對科技有興趣的孩子，不計較孩子的背景、學校成績或過往成就。「我們探討真正存在於現實的問題，例如水汙染，然後一起研發出一種可以過濾水、還可以偵測汙染源的機器人。」雪倫繼續描述：「另一項很好玩的計劃是我們現在正在研發的一款密室逃脫遊戲，它大概會是同時具有實體和虛擬元素的第一款密室逃脫遊戲，例如說，其中一個玩家任務是要破解電腦密碼。」TechLift 鼓勵學員一直留在組織裡成長，最後成為組織的指導員。「教育部做不到的，青年組織可以做到。」雪倫很有信心地說：「我們正在培育下一世代的領袖、一群未來能主導並改變科技教育的優秀人才。」

TechLift 的組織架構和理念都是以以色列童軍團的制度和理想為基礎，因為雪倫其實從十歲開始就加入童軍團。在這樣的組織裡，孩子能學到未來真正可以應用在現實生活中的技能。雪倫說：「我真的很希望幫到弱勢的族群，讓他們也能在社會上發光發熱、能夠透過實作帶來改變。這其實就是所有青年組織，尤其是以色列童軍團，最重要的理念。」

以色列大衛紅盾會（MDA）

二〇一八年一月十二日，以色列中部的莫迪因城有個救護車小隊做了件大事——在短短幾小時內，他們在護送兩位產婦前往醫院的路上，幫忙接生了兩個小生命。也許你覺得這沒什麼了不起的，救護車本來就是要救人的，對吧？但如果我告訴你其中一個幫忙接生的志工還不到十五歲呢？

這位小志工名叫修凱・隆泰爾（Shaked Ron-Tal），那天他正好和具有急救人員執照的救護車司機以及另外兩個小志工一起出勤。第一次車內接生發生在早上七點，那時他們正趕著將一位三十七歲的女性送往醫院。幫忙接生完第一個寶寶後，內心的興奮都還尚未消退，他們又在十點左右出動護送另一位孕婦送醫。這次也一樣，一個小女嬰就在前往醫院的路上出生了。這天的經歷讓修凱非常震撼：「這經歷實在太棒了，我覺得很幸運有機會在出勤的時候幫忙接生，而且還一天兩次。我祝福那兩位母親和她們的家庭，也希望我們能有更多這麼充實精彩的日子。」[3]大家別忘了，修凱這時還不到十五歲。

修凱是以色列大衛紅盾會（MDA）的志工，大會紅盾會其實就是以色列的紅十字會。大衛紅盾會就像世界各地的紅十字會一樣，會訓練護理師、協調捐血診所、協助殘障人士、關懷窮人和老人、提供救護車以及救援服務，救援範圍包括一般道路、城市或海上。不過以色列的大衛紅盾會和紅十字會有個很大的不同：大衛紅盾會有一萬七千個維持組織運作的志工，其中有一萬一千個是十五到十八歲的青少年。請注意：以色列版本的紅十字會，有超過百分之六十以上的志工正處於「傻憨時期」。

自一九三〇年創立以來，以色列的青少年就從來沒缺席過大衛紅盾會的各項行動：一九四八年獨立戰爭時有類似軍隊單位的青少年志工隊；在一九七〇年代爆發戰爭和致命攻擊時也有許多青少年協助撤離受傷民眾；到一九九〇年代，在前所未有的恐怖主義帶來極大威脅的情況下，青少年也是第一批站出來捍衛國家的人。每年幾十萬人需要緊急救護的人當中，都常在救援行動裡看到年輕天使們的身影。當然，其他國家也會有青少年擔任紅十字會志工，但以色列大衛紅盾會和其他國家不同的是：青少年志工能進行更高階的心肺復甦術，能在車禍或工安意外現場救援傷者，也能在危急時刻幫忙照顧傷患。整體而言，大衛紅盾會青少年志工每年總共投入一百五十萬小時做志工服務。他們的進階訓練課目包含處理大規模死傷的災難，因此他們有資格在暑假期間參與夏季課程受訓成為指導員。這些孩子最後會擔起其他責任，例如督導志工訓練、協調輪值班次等等。

近年來，的確有些聲音開始質疑：青少年是否該在以色列救護服務裡扮演這麼吃重的角色？他們真的應付得了嗎？青少年該被賦予這麼重大的社會責任嗎？但無論怎麼說，現實情況是，青少年還是非常積極參與以色列社會中各種醫療行動，他們輪班擔任志工、跟著救護車出勤救援。如果沒有他們的話，救護車上的人手就不夠了，而且他們積極投入學習和協助。

以色列社會和孩子們自己都認為青少年有能力為社會做出貢獻。青少年也許比較衝動大膽，甚至有時會幹蠢事，但他們也有能耐應付危急且多變的情況，因此他們才被賦予這麼重大的責任。他們不再是一群等著長大、無法在社會上扮演任何重要角色的孩子，相反地，他們活躍於許多大型組織，舉凡政治、社會、教育或文化組織都可見他們的身影。

在以色列人的觀念裡，青少年也要一起塑造現在及未來的社會樣貌。當然，參與救護車行動可能會碰到很艱難的挑戰，有些挑戰可能連家長都不能接受。然而，以色列的青少年還是在全國各地參與各種行動，對需要幫助的人伸出援手。這就說明了在以色列社會，青少年同樣被視為公民，而不是小孩。

青年領袖組織 LEAD

以色列有超過五十五個青年組織、二十四萬六千五百多名成員。他們的優點和貢獻難逐一列出，但所有青年組織都有一個共同的理念：青少年有能力貢獻社會。因此，青少年同時擁有許多特權和責任。不過這些責任並非強行加諸在他們身上，而是由他們自己主動積極承擔。

以色列的青少年非常渴望能為社會做些事情。因為他們沒有被當成小孩，所以他們有機會為社會帶來真正的改變。就跟大人一樣，他們也可能失敗，但也可能成功，重點是社會期待他們去嘗試。難怪以色列有這麼多鼓勵青少年承擔責任、成為社會領袖的組織。其中之一就是LEAD。

LEAD是一個非政治、專門培養青年領袖的組織。該組織擁有全球最獨特的人才培育計劃，由跨領域專家（包含社會領導、心理學和教育的學者）研議並實施各種以青少年為主體的培訓計劃。只要是十六歲的青少年，且具備該組織在尋找的領袖潛能，不論什麼背景都可以參加。為期兩年的受訓計劃是要將成員訓練成LEAD「大使」，受訓期間成員會瞭解何謂以社會為導向的獨立企劃，並且接下籌劃、執行和管理的任務。LEAD 還會舉辦許多研討會和訓練課程，邀請不同領域的佼佼者來與成員分享知識，這些專家可能來自於社會科學、商業、政治學、教育、理工領域等等，他們都願意付出時間教育下一世代的領袖，即使這些未來領袖現在才十六歲。

還記得奶油寶天使的阿蒂嗎？她正是因為 LEAD 而踏上了不平凡的旅程。她十六歲的時候就獲得了創業的機會，再加上有 LEAD 的鼓勵、資源和全力支持，她只用短短一年就創立了目前最具貢獻的青年組織之一。

LEAD 的學員結業時剛好也都要高中畢業了，然後他們就會成為 LEAD 畢業生社群的一員，即使畢業了，他們還是會繼續積極參與 LEAD 辦的各項活動。正是因為 LEAD 的畢業生始終活躍於組織內，使得 LEAD 成為全球青年領袖組織中的長青樹。LEAD 和其他青年領袖組織都不認為該等孩子長大，他們認為青少年會思考、有能力、而且充滿幹勁，這股社會的年輕力量應該要好好運用，不該遭到忽視或低估。

青年領袖組織的人才培育計劃有個共通點：培訓方法都非常實際，學員透過實作來參與活動和主導活動。阿蒂、雪倫和修凱都不只是夢想家，他們更是實踐家，都能把希伯來文 tachles 的精神應用在生活裡。這個字有兩層意思：第一層意思是實用，第二層意思是有抓到關鍵。所以tachles的精神就是：行動有明確目標，而且非常清楚行動的核心理念，同時親身參與實踐。

兩個嶄新的科技人才培育計劃

以色列有兩個重要的青年科技人才培育組織：「動手實踐」（Magshimim，希伯來文意思是實踐）和「網路女孩」（Cyber GirlZ），專門為十二到十八歲的資優生提供課外學習計劃。這兩個組織最初的創立目的，都是要提供電腦科學和網路學習的訓練，讓未來必須至以色列國防軍情報及科技單位服役的青少年事先培養相關能力。多年下來，這兩個組織已被視為培育以色列高科技專業人才的重要推手。到二〇一八年，「動手實踐」已成立九年且擁有超過一千名畢業學員，有百分之七十的畢業學員在服役時加入以色列國防軍的網路和技術部門。無論從國家安全還是經濟上來看，該組織已經為以色列帶來重大改變。此外，由於該組織這個平台可以縮小社會差距，因此也對社會帶來了長遠的影響。

賽吉・巴爾（Sagy Bar）曾是以色列網路指揮中心（Israeli Cyber Command）

人力資本發展部門主管，也是國家網路教育中心的創辦人和現任執行長；他說最初這些網路人才培訓計畫是要解決軍方網路部門人手不足的問題。「當時能勝任的人就是不夠，」他回憶道：[4]「二〇一〇年的情況就是如此，而且從那個時候開始，資訊產業對網路人才的需求也逐漸增加，也就是說，光是因為缺人才就嚴重拖累了以色列的發展。」賽吉過去是以色列國防軍菁英情報單位的中校，二十多年來他為軍方情報單位主導過許多複雜的綜合科技計劃，帶著情報人員從瞭解基本理論到能解決問題。他曾獲頒以色列國防獎，這個殊榮是由總統和國防部長頒給對捍衛國家安全有極大貢獻的人士。不過賽吉之所以有能力發起「動手實踐」和「網路女孩」等計劃，不僅僅因為他是優秀的工程師、主管和軍隊長官，還因為他有遠見，而且非常關心國家安全和以色列所面臨的社會挑戰。透過兩個充滿理想的人才培育計劃，他同時為軍方和資訊產業建立了優秀人才庫。

這兩個組織開始教授以色列的孩子未來成功所需的技能——無論他們未來是要在軍事還是商業領域發展，或是要當個社會創業家都會用到的技能。但不會有人強迫學員一定要加入特定軍方單位，或是未來一定要學以致用。「我們只是提供他們未來完成夢想所需的工具，」賽吉說：「無論他們未來決定做什麼，我們只是讓他們的潛能有更具體的發展方向，這樣未來不管走上哪條路都能發揮自己的潛能。我們的計劃能給孩子另一個機會、另一把開啟成功之門的鑰匙，而且早在他們還在上學的時候我們就會把鑰匙交到他們手上。」

「這些人才培育計劃和創業者之間最明顯的關聯是：成功的創業者有辦法創造出一開始沒人想要，也沒人理解其重要性的事物，但是創造出來的事物卻能帶來重大改變，成為社會不可或缺的一部分。而這些人才培育計劃現在已經成為以色列社會不可或缺的一部分，對我來說，這就是創業的精髓——發現問題、想出解決方法、然後讓這個解決方法不只有效，還能變得至關重要。」

賽吉如今主導這兩個人才培育計劃的策略和營運方向，這也是他和非營利組織拉席基金會（Rashi Foundation）合作企劃的一部分，以色列國防部一直希望他能把計劃規模持續擴大。而兩個人才培育組織由於成效卓著，民間企業現在也一樣想從該組織的畢業生中搶人才，許多企業甚至透過捐款投資這兩個計劃，他們知道這樣做等於在培養國家未來工程和網路領域的人才。

雖然「動手實踐」一開始是政府贊助的計劃，但現在也已成為一種青年組織了。賽吉說：「它已經有自己的生態系統，畢業生和十七歲的學員會負責訓練十四到十五歲的學員。例如，他們要負責夏季活動中大部分任務。這種畢業學長姐回來帶領學弟妹的方式不是我想出來的，這都是孩子自己的主意。」

賽吉認為，正是因為以色列社會不把青少年當小朋友看、願意託付重責大任，孩子才能有這麼多新穎的想法。「以色列有項獨特之處，就是看待年輕一代的心態和其他國家很不一樣。」以色列青少年總會設法克服日常生活中的各項挑戰，會參加各種青年組織，到了十八歲就要入伍服役，這代表等他們二十一歲時，「我們會擁有一群優秀、強大且已經擁有豐富經驗的人才，而且他們會迫不及待想進入社會一展抱負。」我問賽吉他未來有什麼計劃，他說：「我們現在正在研議，如何把我們培育孩子成為未來優秀人才的方法和專業知識也帶到其他國家。」

第十章

獨立自主

在沒有徵兵制國家的人常會問我：「我們要怎樣才能增強青少年和社會之間的連結？又要如何教導他們負責任的態度？」他們以為以色列青少年很負責任、又與社會緊密連結，原因是來自以色列的軍事制度，但事實不是這樣，而我也不推薦徵兵制（除非真的有必要）。事實上，我認為以色列有許多計畫和課程，旨在提供、培養負責任等正向特質為目標。這些計畫及課程也和軍事制度一樣重要。

前一章我提到了以色列的青年活動，以及這些活動如何將青少年與社會連結。不過除此之外，以色列還有許多管道，可以讓這些有志青年為社會貢獻一己之力。其中那些最受青少年歡迎的計畫，都還附帶一個「代價」：一整年的空檔年。但這到底是「代價」還是種「獎勵」呢？

服務的一年

以色列提供許多課程供青少年申請，他們可以利用中學畢業後一整年的時間為社會服務，同時充實自我。這些課程的目標，是要讓參與者完成進入以色列軍隊服役的準備，以開創充實的軍旅生涯，同時教導他們社會參與及公民素養的價值。這類課程中，最普遍的有兩種：「準備課程」及「周年服務」。

準備課程強調課外學習，參與者可以自由探索各類領域，包括哲學、心理學、政治科學、文學、歷史等。而周年服務的特色，則是偏鄉或落後地區的社區服務。

這些課程真正的功能，是一條溝通的橋樑，幫助青少年從童年過渡到成人，從學校過渡到軍隊，同時提供他們社會生活及自主決定的新體驗。參與者首次離開自己生長的家庭，和其他二十個年紀差不多的人一起生活，學習如何獨立面對生活中的各種大小事。他們將學會如何在有限的預算下照顧自己、如何和同儕相處，還有最重要的，瞭解自己能夠為社會貢獻什麼，以及自己的專長。

我的好朋友溫蒂有兩個女兒，都曾參與過這類課程，她告訴我：「諾娃和塔瑪爾在課程中擔負了超越她們年紀的重責大任，不僅創立自己的社群，還帶領這個社群一整年的時間。她們參與的計畫都是從頭開始，可用的資源很少，甚至根本沒有資源。這些課程裡可以學到價值和領導力，而她們先前從幼稚園到小學的學習歷程中，從來沒有類似經驗。」

溫蒂的二女兒塔瑪爾在以色列南部的別是巴市，為一百三十名年齡從六歲到十八歲不等的衣索比亞裔猶太學童，策劃了一次為期五天的營隊。策劃這次營隊的原因是讓這些學童的父母能在光明節（Chanukah）連續長假期的時候繼續工作賺錢，將孩子托給營隊。要舉辦營隊，就牽涉到找場地以及膳食、活動內容、保險、籌錢（總共需要四千美金）、營隊工作人員安排住宿等大大小小的事。

接下來這點可能會讓某些人很驚訝：並沒有人要求塔瑪爾出面主辦這項計畫，只是在她的成長環境裡，她不斷獲得鼓勵要當個希伯來文的「大頭」（rosh gadol，領導者）。她並不驕傲，也沒有自以為是，更不是說她的頭真的很大。這只是一種比喻，表示某個人樂於承擔責任，同時也具備充分的能力，可以成為其他人的榜樣。所有成功的企業家都擁有這種「大頭」思維，能夠勾勒一個不同的未來，找到缺少的環節，同時樂於接受挑戰。「準備課程」及「周年服務」這類計畫，正是鼓勵這種「大頭」態度，讓青少年擁有完成目標的資源及工具。

青少年自願空出一年，來從事社區服務，這樣的現象正在成長，而且越來越普及。根據二〇一五年的統計，以色列有百分之五的十八歲青少年選擇在展開兩到三年的義務軍旅生涯前，先花一年從事不支薪的社會服務。這代表他們必須要到二十多歲才能開始展開他們「真正」的人生，包括攻讀大學、發展職涯、進入婚姻等。即便如此，每年還是有越來越多以色列青少年，自願參與類似的計畫及課程，而且因為名額有限，競爭甚至變得相當激烈，所以現在光是能夠錄取，就是一件很厲害的事了！

兒童村

全世界約有五百座SOS兒童村（SOS Children's Villages），兩坐在以色列，其中之一是麥加定（Megadim），這類兒童村專門照顧無法和原生家庭一起生活的兒童。《碑文線上雜誌》（Tablet）的記者芭芭拉・班柏格（Barbara Bamberger）形容兒童村是「致力於提供每個孩子充滿支持的穩定家園，同時這個家園又屬於更大的村莊或城鎮的一部分。」[1]她進一步寫道：

麥加定（兒童村）位於以色列北部米格達勒埃梅克（Midgal Ha'Emek）的社區中，是一座自給自足的園區。住在裡面的孩子，因為各式各樣的原因而離開原本的家園，包括家暴、情緒勒索、貧窮、家人忽視等。只有在其他替代方案不可行之後，例如由親戚照顧，這些孩子才會來到這裡。目前這裡大約有八十名孩子，年紀最小的只有四歲，分成八個不同的「家庭」一起生活，每個家庭都由一位「母親」負責，也就是以此地為家的女性，不同年齡的孩子則扮演兄弟姐妹的角色。

麥加定和許多組織相同，也缺少足夠的人力來滿足孩子們的各式需求。但是有了青少年服務志工的幫助，社群發展得越來越好。兒童村中的每個家庭都分配了一名青少年服務志工，除了協助母親，也同時身兼孩子們的榜樣及導師。青年志工參與了兒童村的所有活動，包括出遊、慶祝、及社區計畫等。芭芭拉指出，這些志工基本上是在幫忙營運整個機構，他們從事各種工作，包括打掃園區、在辦公室處理行政事務、規劃課外活動、以及在菜園或兒童寵物區和孩子們打成一片、一起合作等等。

這些青少年的責任之一，就包括要成為一個值得其他孩子效法、同時可以依靠的大人。這樣的成長過程可能相當困難，但絕對充滿意義，青少年能夠在其中瞭解社會真正的需求是什麼，同時也能決定自己在群體中要扮演的角色。

以色列的青少年在準備課程及周年服務當中，都擁有由導師、社工、以及其他成人組成的人際網，在這段期間相互支持，並在過渡階段中適度引導他們。因此，即便課程的目的是要讓青少年學會負責及獨立，他們仍然可以獲得足夠的幫助——不管是從成人組成的人際網，或是從他們朝夕相處一年的同儕身上。這樣的平台完美平衡了「青少年的自由」以及「成人的監督」。

為什麼青少年應該「延後人生」

伊澤哈．夏（Izhar Shay）是以色列科技圈的重要人物，擁有多個頭銜，包括以色列迦南合夥創投公司（Canaan Partners Israel）合夥人、新創競技場（Start-Up Stadium）創辦人——這是一個非常熱門的以色列科技社群及podcast；他也寫了一本小說《和你一樣美麗》（As Beautiful As you）。另外，他是四個孩子的父親，其中三個孩子選擇參加周年服務。他告訴我：「我們家老大雪兒來跟我們說她決定去當志工的時候，我們都好高興。」[2] 雪兒現在已經二十六歲了，她當時選擇把一整年的時間，花在貧窮城市哈德拉（Hadera）一個落後的社區中，除了和自閉症的孩子一起學習，也幫忙管理社區的童軍團。

雪兒告訴我：「和自閉症的孩子一起學習，是我們整個團隊共同決定去做的事。」雪兒的團隊成員包含她自己及其他四名青少年，彼此在參加周年服務前都互不認識。雪兒進一步解釋：「大人那邊並沒有給我們太多協助，原因可能是行政溝通上的疏失吧，總之最後一切還是以一種奇妙的方式，獲得了最好的結果，團隊中的每個成員都知道自己該扮演什麼角色，我們也相處得相當融洽，就像家人一樣。」

結束周年服務之後，雪兒接著考進了以色列國防軍的菁英情報部門「八二〇〇情報部隊」擔任軍官，因此她退伍時大約已經是二十五歲了。「我回到學校、進入職場的時候，年紀都比其他人還大，老實說我有點在意。不過年紀不是決定性因素，我想把人生過得精采充實，盡可能活在當下，我認為周年服務是一生一次的機會。」雪兒目前在特拉維夫大學修習職能治療，空閒時間則是幫助偏遠地區的小孩學習英文，並在祖母家協助照顧年長者。

雪兒參與周年服務的決定，完全是出於自己的意願，而她和團隊成員決定花時間和自閉症的孩子們一起學習，同樣也完全是由他們自己決定的。對雪兒和其他所有參與這類課程及計畫的青少年來說，這或許是他們人生之中第一次，能夠有機會完全依照自己的意願作決定。在這個時間點之前，以色列青少年都被束縛在教育體系之中，這個體系分分秒秒掌控他們的生活，一個禮拜五到六天，時間長達十二年，因此學校可說是貫穿他們童年生活的唯一機構，也是這些青少年唯一認識的機構。

在大多數的西方國家中，長到十八歲只是代表即將進入另一個教育體系，大學和高中沒有太大差別，都是束縛青少年發展的框架，目的是要引導他們的認知，評鑑他們的行為，限制他們探索及犯錯的自由。

周年服務則完全不同。在這一整年的期間內，青少年會和十來個年紀相近的人一起學習如何獨立生活，同時以個人或團隊的方式，出力改善社會中任何他們覺得重要的事情，而且通通都是出於自願。周年服務並沒有大人嚴厲的監督，但提供了參與的青少年一個展現上進心及社會責任的機會，也讓他們在過程中能夠扮演各種角色，包括負責任的成人、關懷他人的朋友、其他人的榜樣等。這表示如果他們失敗了，就是他們自己的錯，而如果他們成功了，那也是依靠自己的努力。這將是他們人生中第一次體驗到為自己負責。

許多專家，包括發展心理學的權威傑佛瑞．亞奈特（Jeffery Arnett），都曾指出，在沒有以色列這種「生涯延後機制」或是沒有軍事制度的國家，青少年在進入成人社會的過程中，常常會出現問題，包含疏離感、反叛行為，也有可能會以冷漠或是逃避社會參與的方式出現。學校並沒有幫青少年準備好進入勞動市場及扮演社會角色，因而他們在高中畢業後剩下的選項只有繼續讀大學、找個平庸的工作，或是根本不打算出社會。這些選項都不符合青少年的需求。

因此花上一年的時間，在體制外擔任志工，提供了年輕人一個漸進但有效的轉換過程，幫助他們從青少年時期過渡到成人時期。他們在這段過程中必須學會各種技能，包括組織能力、社會參與、和同儕及其他人建立健全的關係、團隊管理與領導、以及處理意識形態及理論相關議題的知識。

這些年輕人擔任志工的工作經驗相當重要，因為許多人都是在這段期間理解到，社會不可能在一夕之間改變。常見的情況是他們的工作沒有回報，而他們期待達成的效果，也幾乎看不出來，這對他們來說會是個痛苦的體悟。由於他們才剛踏出由學校建構、秩序井然的世界，剛踏出家人關愛的範圍，所以很難接受「世界上竟然存在著超出自己控制的事物」的事實。因而在服務期間，青少年遭遇到最重大的兩個挑戰，就是面對沮喪以及戰勝挫折。

那麼，我們到底應不應該鼓勵青少年把自己的人生延後一年，甚至更久呢？這個問題真的沒有正確答案。一方面來說，把入伍的時間包含在內，將念大學以及找工作的時間往後延四到五年，影響確實很大。但話說回來，十八歲就馬上去讀大學，難道不也是在延後人生嗎？比起「先擁有一段充滿挑戰、美好無比、有時甚至痛苦不堪的經驗，然後才開始學一種專門技術」，難道「十八歲的時候還不瞭解自己，還不瞭解社會，卻已經開始要學一種專門技術了」真的會比較好嗎？已經有將近一萬名以色列青年，在志願服務的過程中，找到了這個問題的答案。

第四階段

達成規模，永續發展

如果我們以企業發展來類比以色列人的人生，青少年時期恰好就是效能階段。以色列人會在這個階段測試自己的能耐，努力實驗並承擔風險，也會在這段期間學習當個負責任的人，對社會做出貢獻。接下來的幾年，便是大部分以色列人加入軍隊的時間。這個階段可以視為規模階段。

企業達到效能階段時，已擁有運作良好的機制，情況看起來不錯，資源的浪費也降低，公司的運作穩定。但接下來，才是真正要開始發展規模的時候。

在企業生命週期的這個階段，不同的元素將匯集在一起，使組織結構更為健全，同時也能看出公司需要哪種特定類型的人力資本、擁有能力的人是哪些、還需要什麼樣的專業，以及企業本身的價值及文化。而為了支援上述的情況，公司的架構也更正式了，包括高階主管、中階管理層、團隊領導者等等。公司現在已經準備好要朝更大的規模發展，同時維持穩定的市占率。

在以色列，扮演這種大規模組織角色的，正是由數萬個個體組成的軍隊。一般人可能會覺得商業組織跟軍隊根本八竿子打不著，原因在於一般人想到軍隊時，都會先想到嚴明的架構以及階級制度、秩序、紀律、標準化這類關鍵字。然而，以色列軍隊卻完全不是這樣，甚至恰恰相反。

請試著把放下你對軍隊的既定印象，拋掉電影、書籍中描繪的軍旅生涯。

讓我來介紹截然不同的以色列軍事組織，它的建立基礎、它的文化都與大規模企業的未來發展息息相關。準備好了嗎？

第十一章

人力資本

先讓我們回顧一下軍隊給人的既定印象：嚴明的階級制度？很有可能。一絲不苟的秩序？當然如此。還有標準化的裝備、清楚的指揮鏈、遠離家人及朋友的漫長時光、不知變通的軍隊守則。綜觀上述，大家理所當然認為，軍隊只要一個口令一個動作，不多也不少，不可能鼓勵成員跳脫框架思考。

以色列絕對會讓人大吃一驚：以色列國防軍（Israel Defense Forces，以下簡稱IDF）雖然是高度專業化的軍事組織，在許多方面上卻和大眾對軍隊的印象截然不同。本章及接下來的章節中大家會發現，以色列士兵在軍中獲得的經驗，絕對和世界上其他國家的軍隊大不相同。就像以色列的幼稚園和遊樂場在外觀上看起來和美國的類似，但有幾個重要的差異影響了其功能；而以色列青少年的成長經驗可能也和歐洲或亞洲的青少年大部份類似，但其中還是有一些相當重要的差異。同理，以色列國防軍也一樣，這支軍隊幾乎方方面面都帶有獨特的「以色列風」。

從以下這些小事，就可以勾勒出IDF的面貌。例如在訓練階段結束後，大部分的士兵都會直接以名字稱呼長官；戰鬥過程中的重要決策，通常都是在小型指揮團隊的層級進行；軍隊配發的制式裝備，單兵經常會動手加以更新及調整；指揮官往往很年輕，指揮著比他們大二十歲的士兵；大部分的以色列軍人可以常回家陪伴家人或朋友，且通常不會連續值勤超過二十天。

不過既然大家閱讀到這裡，對以色列社會已經有了更多一層的認識，那或許上述事項也就不那麼讓人驚訝了。透過上述的描述可知，以色列的軍事訓練就是以色列人日常生活的延伸。不過對青少年來說，軍旅生涯依然是一段影響相當深遠的時光，這段時光常常會以青少年先前從未經歷、也無從準備的方式，重新形塑他們。

入伍及分類

其他國家的十七歲青少年忙著準備升學或就業時，以色列的高中畢業生正忙著準備即將到來的義務軍事服務，男性約需服務三十二個月，女性則約需二十四個月。對許多人來說，這表示必須使出渾身解數，以求進入IDF的菁英單位；對其他人來說，則是代表擁有首次離開父母、自行生活的機會。但軍旅生涯對所有人來說都相同的是，準備為以色列社會貢獻一己之力。

在某種程度上，青少年在IDF的服務，代表的是他們從童年一路累積到青少年時期的全部經驗，可以實現的時刻。因為他們從小就知道自己必須從軍，所以在許多層面上，他們早就在為從軍準備。

以色列國防軍現役軍人約有十七萬六千五百多人，後備軍人則是四十四萬五千名。[1]每四到二十人設有一名士官、二十到四十人設有一名排長、四十至一百人則是設有一名連長。

我敢說，IDF分配軍種的過程，可能是世界上最有趣的，結果證明這套過程非常成功、準確、有效，同時在引導青少年選擇未來職涯及發展時，也扮演重要角色。

所以，IDF到底是如何將如此年輕，只有十七歲的青少年，分配到最適合他們的位置呢？不用提供履歷、相關背景或是經歷，IDF只評估兩點：青少年的技能，以及成長和學習的潛力。技能和潛力，而非知識及經驗，看起來似乎和大部分公司的徵才標準完全相反，大公司強調的是過往的背景及經歷。

無論是不是在軍隊服役，技能和潛力這兩者，在高科技及網路相關領域中，都相當重要。高科技產業不斷變化，難以預測，而身處以色列現今的軍隊環境，就和身處高科技產業相同，每個人都需要不斷適應頻繁的變化。現今的社會裡，人類過去花了數個世代才學會的技能，很可能一夕之間就不再有用，所以 IDF 的招募和分配已經不再注重某個人是不是擁有特定技能，而是重視他能否在不同的環境中，應用他所擁有的技能。目前對人才的需求，在許多領域都已經漸漸改變，從過往注重專業，轉為重視隨機應變的能力與心態、學習速度、以及能夠極度自在的應對改變。

以色列十七歲青少年的必經歷程

年滿十七歲的以色列人，就會接到入伍的正式通知，第一關是到招募中心面試與測驗，注重的是基礎事項，包含國語（希伯來文）的讀寫能力。此外，還要看學校成績單，因為 IDF 特別關注青少年是否擁有科技相關背景或曾接受相關教育。

第二次的通知很快就會到來，這次要經過徹底體檢，以便建立醫療檔案。下一關是心理評估，通常是由一名比他們大一歲、至多兩歲的女性士兵負責，這名士兵先前受過四個月的心理學、人際關係、心理問題及壓力的辨認、檢視他人技巧等特殊的訓練。心理評估的基本目的是要評估青少年的人格特質，包括個人動機、抗壓性、反社會行為，以及是否適合在軍中擔任特殊職位等。

這類心理評估的評分標準，是由諾貝爾獎經濟學獎得主、暢銷書《快思慢想》作者、認知啟發式教學法（cognitive heuristics）之父康納曼（Daniel Kahneman）所設計。役男與役女擁有醫療檔案及心理評估結果後，IDF 便開始思考要將新兵安排到什麼單位，如空、海軍或哪個菁英部隊。確定分發後，新兵會收到紙本通知，說明在軍旅生涯中的職位，並接受進一步的心理評估、醫療測試及一系列的面試，這次就是由分發單位的專家及心理學家負責。

體格及智力都達到某個程度的新兵，會獲邀參加特種部隊挑選及評估程序（SFAS, Special Forces Assessment and Selection），IDF 稱這個過程為「編隊」（gibush），每年舉辦兩次，每次的候選人只有數百人，但他們都是躍躍欲試的青少年，加入一系列嚴苛的測試，以便爭取入選 IDF 最菁英的單位。測試重點包括體能、身心抗壓性、團隊合作技巧等，測試項目五花八門，從動手到動腦都有。招募部隊的指揮官會加入檢視申請者，確保他們擁有能夠承受日後嚴苛任務的堅韌體格及心智。

「編隊」流程及心理評估的目的，就是要測試青少年的體格及心智是否適合特定單位，因為特種部隊看重體格與心智，更甚於役男役女在校的教育歷程。也就是說，特種單位重視的是這些青少年的能力，他們能夠面對什麼樣的挑戰，不能面對什麼樣的挑戰，以及他們學習多種技能的速度。當然，有某些單位（例如海軍的某些職位）需要深厚的科技背景及技能，不過大部分的菁英部隊、戰鬥部隊、非戰鬥部隊、後勤單位及情報單位，其實並不需要特定的科技背景或學歷。

其他國家的招募

以色列實施全面徵兵，加上軍中職務的高流動率以及上述客製化的選才系統，代表任何青少年，無論男女或出身，都有機會入選菁英部隊。這同時也表示，某些人甚至不用完成高中學業，就可以成為官階非常高的軍官，雖然隨著階級逐漸爬升，軍隊可能會把這些人送去接受進一步的學術訓練。

這個選才系統不重視個人過往經歷及課本知識，這個系統重視的是技能、素養、潛力。然而，其他西方國家的軍隊並不是如此，特別是軍官養成教育。以英國陸軍來說，只有高學歷的人才能成為軍官，英國青年離開校門後直接就可以成為軍官，也就是說，在接受軍事訓練前，這些青年並不需要軍事背景。英軍挑選軍官的標準，和軍官在軍事訓練及戰場上獲得的成就、日常與同儕的互動等等都沒有關係。然而在以色列，這些特質對於軍官的培育非常重要。

對有志加入英國陸軍的人來說，英軍的標準造成兩個重要的現象。首先，在青少年時代沒辦法獲得良好教育的人，幾乎不太可能成為軍官。其次，士兵和軍官之間的隔閡非常明顯，前者無論在體格或心態上，都相當適合軍旅生涯，後者則是大多數時間都花在教室裡，卻被期待能夠指揮那些擁有實際作戰經驗的士兵。美軍和英軍有點類似，在美國的制度中，軍官必須先擁有大學學位，從一開始就註定成為軍官，而行伍內的士兵要晉升成准尉（warrant officer），則是需要某些技術專長。法國軍隊也是類似情況，教育程度越高，升遷機會就越多。

軍官是否必須擁有實務上經驗（例如實戰），確實是個值得討論的議題。然而事實卻顯示，以色列國防軍的軍官，其他國家的軍官非常不一樣。前者本身就是行伍出身，後者並沒有實務經驗。以色列士兵唯有已經證明自身擁有成為優秀軍官所需的技能及潛能，才能接受軍官培訓，繼續往上爬。以色列是從單位內部挑選適合擔任軍官的士兵，而挑選這些士兵的人，正是他們的長官，從最初的訓練到實際服役期間，都一路觀察他們，而挑選的基礎，便是和戰場相關的人格特質。話雖如此，由於實際服役的時間有限，上述的挑選過程將會濃縮在幾個月的時間內完成，因此IDF只有非常短的時間可以找出哪些人適合擔任軍官，接著送他們去接受六個月的軍官訓練，再把他們送回原單位，以軍官的身分完成剩下的役期。

個案研究：以色列國防軍「八二〇〇情報部隊」

前文出現不少次的「八二〇〇情報部隊」，是IDF中規模最大的單位之一，可以說是以色列的國安局，不過由於是劃歸軍隊管轄，這表示八二〇〇部隊中的許多「專家」，其實都是年輕的士兵。和其他單位的情況相同，士兵本身擁有的特質，以及這個士兵是否適合在這個單位服役，將會直接決定這個單位能否達成使命。以八二〇〇部隊來說，它的挑選標準非常嚴苛，只有極少數人得以獲選，因此士兵的「經歷背景」也就格外重要。

這裡說的「經歷背景」可不是一般的意義。雖然也會考量學業成績，但青少年參與過的社會活動也同樣重要，例如過往參加的青年活動等。學校的校長也可以推薦優秀學生給八二〇〇部隊，學生不管是因為卓越的創意思考能力或是跳脫框架思考的態度等，都有可能受到推薦。此外，部隊裡的每名士兵，也能推薦一個人參加甄選，即便被推薦人不一定能夠符合標準，仍是提供了廣大的人才庫。和 IDF 其他的菁英部隊相同，八二〇〇部隊希望盡可能觸及越多候選人越好，雖然最終可能只有萬分之一的機會能順利通過甄選。這樣的方法，可以確保最後挑選到的，都是最上乘的人才。

八二〇〇部隊的甄選方式是個持續變化的過程，每年都會不斷演進，也變得越來越複雜。例如三十年前情報人員和技術人員之間就有非常明顯的區隔，但隨著時間演進，界線越來越模糊，新的挑選標準也跟著與時俱進。要在八二〇〇部隊服役，需要各式各樣的技能與特質，包括團隊合作、堅忍的毅力、資訊相關技能、語言天份等。隨著這項工作越發複雜精細，甄選方式也隨之演變，這也就是為什麼，後來設計了越來越多精密的測試，包括認知及人際互動能力分析、以及心理評估等。

申請者將接受認知能力、語言能力測驗，且必須要會寫程式，要有能力解決數學問題。這些測驗項目的目的，不是要檢驗申請者的知識，而是要測試他們針對全新領域時所展現的應對能力。例如在長達五小時的測試中，可能會有一段時間，是用來教導申請者某個全新的語言，以便觀察他的吸收能力，若在新語言測試中展現潛力的申請者，就會被送去高階課程，在短短六個月內就成為該語言的專家。

其他的甄選課目則不是要測試具體的技能，而是要檢測申請者是否具有各種特質，例如鼓勵戰友的能力、情緒智商、廣闊的心胸、快速理解情況的能力等。這點和就業市場相當類似，公司的管理者並不需要是王牌銷售員，也不必是最厲害的工程師，但是絕對需要知道怎麼管理一群專家。場景換到軍隊中，領導者也不一定要是最厲害的網路專家，但確實需要能夠鼓勵、管理、及領導他人。

八二〇〇部隊其他的測試還包括八小時的認知測試、團隊合作能力、領導能力、抗壓性、自我表達等特質的情境題。在最後一個階段，申請者還會經過進一步面試，之後最終通過名單才會出爐。

不管在 IDF 中哪一個部隊裡，只要新兵開始了訓練課程，就會被視為部隊的一員。大部分課程的目的不是要把人篩掉，而是要讓這些人準備好。在最理想的狀況下，先前的甄選過程已經能準確預測誰能夠順利通過後續的課程，等到課程真正結束，問題就不是「他們適不適合這個部隊」了，而是「他們在這個部隊裡適合擔任什麼職位」。

軍方人才，民間搶用

我創立的 Synthesis 公司基礎，就是受到上述的甄選方法啟發。即便我們對求職者所知不多，我們仍然可以評估他們主要的人格特質、動機以及適應特定環境的能力。擁有這些評量資訊後，我們也能引導他們自我學習，培養具備適應力的心態，以便解決問題、達成目標。

我們所重視的這些個人特質，同時也是以色列各企業在聘僱員工時一定會考慮的因素。

即便求職者不是出身菁英部隊，充滿遠見的企業仍能從退伍青年的軍中經驗看出他們經過了怎樣的考驗，又可能擁有什麼樣的技能及相關經驗。以色列的退伍青年們早已證明，他們擁有的技能組合不僅能適用於就業市場，而且相當好用。某人在作戰部隊待了三年，或許代表他不會寫程式，但絕對代表他的適應能力超強，個性堅強，善於團隊合作，同時能快速學習新知。

企業招募新員工的心態，很可能和軍隊中負責甄選的軍官相同，也就是比起注重特定領域的實務經驗與知識，重要的應該是候選人擁有的技能及素養才對。

第十二章 文化

高二那年，年僅十七歲的我，接到八二〇〇部隊的面試通知。當時我不知道有這個單位存在，也不知道它是幹嘛的（直到最近，八二〇〇部隊才逐漸為外人所知），只知道它是個祕密單位，是搞情報的。之後我接受了測試，還有一次面試，我當時覺得面試我的人相當年輕，最多也不過二十幾歲。幾個月後我收到率取通知（當然也不知道錄取後要幹嘛），通知上說，如果我想進入這個部隊幹大事，就得參加入伍前的三個月先期課程，課程從八月開始——緊接在我的高中畢業典禮後。

我接受了。十八歲生日的一個月後，我展開了三個月的先期課程，住在以色列中部一幢普通的建築物裡，整個園區呈現一股田園風，外觀看起來完全不會讓人想到軍事基地，而且裡面唯一穿制服的人也只有我們的教官。我們只知道他們的名字，他們看起來也差不多二十出頭歲。訓練時間從早上八點開始，直到午夜，每周五天，禮拜五還有額外的五小時課程。總共有三十個年輕男女在此受訓，學習對我們來說是全新的東西。

我們和高中的時候一樣，坐在教室裡聽課，但這些課程和我們高中課程完全不同。確實，仍是有許多正規課程，某個「專家」或我們以為是專家的人會教導我們一些特定的學識——常常到後來才發現，這些所謂的專家，其實也沒大我們幾歲。大部分的時間，我們都在SF——自我研習（self-work）的意思，很像在寫回家作業。不過這裡的「自我」不代表我一個人，而是全部三十名學員組成的團隊自行研習，或是拆成小組自行研習。我們會花許多時間探索、複習、實際操作當天早上「專家」教導我們的內容。我很快就瞭解到兩個重點：首先，我自認是個聰明人，但身邊比我聰明的人更多，在這樣的環境中我似乎也不是特別厲害。第二點則是我們之中不可能有人可以憑一己之力應付所有的課程內容，一定得依靠隊友的幫助，而且也要有能力幫助別人。雖然整段受訓期間我們都處在高壓環境中，但我仍然認為這段時間是我人生中最豐富、最充實的時光。

三個月後訓練結束，沒有人遭到淘汰，馬上要正式展開至少三年的軍旅生涯了。不過在正式分發到八二〇〇各單位之前，我們先被送去新訓營待了三周，這時才真的有了「當兵」的感覺：穿制服、時間被控制、認識來自全國各地的其他新兵等。經過新訓營的軍事訓練洗禮，熟悉了國防軍的行動準則、價值之後，我們終於正式分發到八二〇〇情報部隊。

我在八二〇〇部隊的職務及經驗屬於機密，無法分享太多，但我能說的是：在四年的服役時光中，我一天都沒有請假。每天早上起床時我都覺得，國家的安危就靠我跟我的隊友了，而且有趣的是大家都跟我一樣這麼想。服役九個月後，我入選軍官訓練計畫，意味著我的役期將會延長一年。軍官訓練為期六個月，包括基本訓練及專業訓練，接著我回到原本的團隊中，只是現在是以軍官的身分，或者用我們的話說：是以團隊領導者的身分。

簡單計算一下就知道：入伍十八個月後，我已經通過專業訓練課程，在高科技的環境中有一個基本的職位，然後入選且完成軍官訓練。現在我已經成為團隊領導者，六個月前我離開這個單位去受軍官訓練時，還只是個菜鳥。接下來的二十四個月中我都堅守崗位，身處以色列情報工作的最前線（具體的領域恕難公開）。我的團隊有十五名成員，每當有人服役期滿退伍，我就得負責訓練新進人員。另外我也有幸得到一個非常寶貴的機會：軍旅生涯的最後六個月中，擔任八二〇〇情報部隊軍官訓練學校的訓練官，當時我甚至還不到二十三歲。這段經歷對其他人來說，可能是一件非常了不起的成就，但對很多以色列年輕人來說，這是再普通不過的事了。

人民的軍隊

IDF和世界上其他軍隊最大的不同在於，士兵的流動率非常高。所有單位每過三年都會完全大換血，只會留下幾名資深軍官，不過他們也只會再待一至兩年。

每隔三至五年就換血，在其他軍隊可以說是前所未聞。以美國陸軍來說，軍人要不是一次簽下八年，包括四年的志願役，以及之後四年的後備役，就是直接決定成為職業軍人，一路服役直到退休。

人員流動率對軍隊的結構有非常大的影響。在八二〇〇情報部隊中，有百分之九十的人力資本每五年就會替換，你能想像同樣的情況發生在美國情報局或其他大型組織嗎？

高流動率除了對 IDF 軍隊本身造成影響外，也代表以色列社會必須定期吸收重新回歸社會的大量士兵。不過即便退伍，士兵和軍隊的關係也不會消失，大部分的軍人退伍後仍會擔任後備役，長度從三年到三十年不等。因此，也難怪 IDF 會享有「人民的軍隊」美名，但這個稱號背後，當然還隱藏著更多現象。

IDF 在許多層面上都和以色列這個國家緊密連結，而軍民關係緊密的因素之一，就是以色列士兵服役的地點，離家不會超過六小時車程。這樣的距離，讓他們得以每隔兩、三周就回家和家人朋友相處一段時間。以色列人早已習慣看見公車站、街道或其他公共空間到處是放假軍人的景象，特別是在周五傍晚及周日早上這兩個時間點。

此外，以色列士兵捍衛的是自己的家園，有時候常常是他們從小生長的城鎮。以色列的面積很小，大部分的國民都已把全國玩透透，因此在當兵的時候駐紮在自己熟悉的地方，讓士兵對於自己在軍事上扮演的角色發展出強烈的情感連結。因為前線和家園位置非常接近，所以在以色列士兵、土地以及社會大眾之間，產生了強烈的情感連結。

不過對這些士兵來說，特別是前線的戰鬥部隊，他們在軍中所獲得最深刻的經驗，仍然是和同儕建立緊密的關係。他們共同經歷險境，產生了深厚的社會連結，不斷促進袍澤情誼發展。而這正是軍隊的特色。

在自然情況下，只要將一群人丟到生活緊密相連的軍營中，並要求他們在極端情況中一同合作，他們自然而然就會發展出堅強的人際連結。而以色列國防軍又創建了人為的情況：選兵的時候極度強調「同袍情誼和互助合作」這項特質，而且這樣的連結也是IDF最重要的資產之一，會在軍人服役期間不斷強化。

在選兵過程中，無論是挑選情報部隊、非作戰單位或菁英作戰部隊，許多測試的重點都是為了評估個體和他人相處、互助、以及成為良好團隊成員的能力。若缺少這些重要技能，IDF就不可能運作。舉例來說，以色列傘兵的特種部隊「櫻桃部隊」（Duvdevan Unit）有項測試內容是，十七歲的候選人在經過身心都極度精疲力盡的一天後，軍官下令這群孩子將一位隊友放到擔架上，然後跑上沙丘。軍官還說，想休息的人可以自行休息無妨。這項測試的重點，當然不是要測試他們最後究竟能不能成功登頂，而是要觀察究竟是哪些人在其他隊友肩負重擔時，選擇坐下休息。坐下休息的人就會遭到淘汰，無法進入下個階段。

IDF從建立之初，就一直相當重視所謂的袍澤情誼，因此友誼的價值或許可說是士兵在服役過程中，能夠學到最重要的東西。

袍澤情誼無疑也在士氣上扮演重要角色，特別是在作戰時，每名士兵都要彼此依靠才能保住小命，同時完成任務。加拿大軍事學者及歷史學家安東尼．凱利特（Anthony Kellett）就曾在他的著作《作戰的動機：戰場上的士兵行為》（Combat Motivation: The Behavior of Soldiers in Battle）中解釋：「以色列人將作戰視為一種社會行為，根植於團體活動、合作以及互助。」[1]在戰場上，每位士兵都仰賴自己的同袍，另外也依靠單位指揮官的專業及領導能力。國安及戰略學者瑟吉歐．卡蒂亞尼（Sergio Catignani）也曾在〈如何激勵士兵〉（Motivating Soldiers）一文中談到，IDF規定指揮官必須擁有某些個人特質及價值觀，例如「面對面領導能力、正直、在次級指揮官及士兵間建立互信的能力、教導下屬信任武器及作戰系統」。[2]

在以色列的軍事衝突發展史中，有一項非常重要的特色，就是以色列的軍力和敵人相比，常常相當不對稱，經常得面對正規戰或游擊戰的攻擊，而且敵方擁有人數優勢。在這種情況下，以色列是如何打贏的？卡蒂亞尼也對這點提出看法：「大部分是因為以色列軍隊的特質：軍隊的專業、優良的訓練方法、高昂的作戰士氣。」

大熔爐

IDF非常重視袍澤情誼及士氣，而袍澤情誼與士氣的基礎，則是源自一九五〇年代及一九六〇年代開始發展的政策。以色列剛獨立的前二十年間，為了讓這個年輕的國家能擁有共同的認同，採取了所謂的「熔爐政策」，讓一波波從世界各個角落湧來的移民都能融合進入以色列，因為移民的文化背景差很多，因而國家想要塑造一個全然不同的嶄新以色列身分。

然而，大熔爐政策卻帶來各種麻煩。這個政策忽視了新移民的多元文化，時常以「全體」為由強迫整個移民社群拋棄他們原先的身分。幸好後來這項政策及時取消，改採更為包容的措施。雖然大熔爐政策帶來很多麻煩，仍達成非常大的成就，讓以色列這個新興國家能夠接納數以萬計的移民，同時培養他們為共同目標服務的能力及動機。而這個共同目標自始至終都只有一個，那就是建立以色列。

想當然爾，軍隊從以前到現在都扮演著極大的熔爐角色，不僅將來自不同種族及文化背景的人們安排到生活緊密相連的軍營中，同時也褪去他們先前的文化及社會背景，提供他們新的立足點，以形成新的身分。對任何軍事組織來說，大熔爐的功能都是不可或缺的，特別是在那些階級嚴明的軍隊中更是如此，IDF當然也不例外，我們會在下一章回到這個主題。如果想讓士兵相信同儕跟指揮官，就不能讓他們覺得自己在社經背景或是文化上高人一等，士兵必須擁有強烈的袍澤情誼，他們的世界只能由友誼、經驗，以及在服役期間獲得的技能所構成。

而在以色列，軍隊袍澤情誼的影響，更是超越現役軍人的範圍，因為軍人屬於社會的一部分，他們常會出現在街上，也因為以色列軍人回歸社會的速度很快（和其他國家相比），而平民也因後備役的關係，經常回到軍中，所以不難想像，軍隊中的袍澤情誼，是如何迅速延伸到以色列社會的各個層面。以色列整體社會共享軍事服務的經驗，也因此建立了國家認同。

政治學者羅納．克雷布斯（Ronald Krebs）認為，軍事組織建立社會凝聚力的能力，在歷史上比比皆是。「羅斯福總統和追隨他的進步主義者認為，全面的軍事訓練，能讓大量剛抵達美國的新移民『美國化』。蘇聯領導人布里茲涅夫也抱持類似看法，認為國民廣泛在蘇聯紅軍服役，能夠建立對蘇聯的集體認同。」[3]同為世界大國的領導者，羅斯福和布里茲涅夫在處理國家的多元文化困境時，都選擇轉向軍事組織，透過徵兵政策來灌輸人民集體的國家認同。

克雷布斯還認為：「這種把軍隊視為重要機構，以標示並傳遞社會價值的看法，最早可追溯至古希臘時代。」這個現象在二十世紀初期非常普遍，許多國家都採用這種方式建立國家認同，例如歐洲及二戰後相繼獨立的亞非國家，這些國家「指責敵人撕裂族群認同，以此來建立國內的認同」。但以色列的熔爐政策很快就遭到屏棄。目前存留在以色列的，則是各種狀況下的自然發展，IDF就是在這樣的背景下茁壯。政策失敗之處，恰由自然而然的情況接續。

超越軍隊組織的社會連結

退伍後，在軍中建立的袍澤情誼也不會結束。當時建立的社會連結，反而還會在接下來的二十年間，隨著士兵以後備役的身分回到軍中（至少一年一次）而不斷增強。除了實際上的軍事功能外，後備役制度最大的優點就是能夠增強社會連結。

後備役的經驗深植在以色列人的人生中，某個人每年都要有段時間拋下自己手邊的工作和個人生活，穿上制服回到軍中，這也是一個不間斷的提醒，不斷喚起每個以色列人在二十出頭歲時所感受到的最初集體經驗。

以色列從建國之初就一直面對同樣的問題：雖然每個軍人的鬥智跟士氣都十分高昂，隨時準備為國家奉獻，但軍隊人數卻是遠遠不及敵人，因此以色列始終無法建立一支常備軍，來因應國防需求及軍事衝突。

路易・威廉斯（Louis Williams）在他的著作《以色列國防軍：人民的軍隊》（The Israel Defense Forces: A People's Army）中提到「因為這支軍隊的分佈遍及所有人口，同時也因為後備役是根據每個人初次退伍時的狀態安排，所以常會翻轉一般的社會階級：後備役的大學教授在教育召集時，可能會要受學生的指揮，工廠領班也可能要受自己平常管理的工人指揮。」[4]這樣的一支軍隊，消除了以色列社會各個層面的階級及社會階層差異，同時也為全國帶來一種家庭的感覺，確保每位國民都能安身立命。

此外，軍隊也極大程度地涉入了一般人的日常生活。軍隊除了是不同社會部門間溝通的天然平台，也在促進以色列重大的社會議題上，扮演積極的角色。威廉斯舉例：「以色列獨立戰爭之後，IDF建立了『少數民族部隊』，又稱『三百旅』，主要由德魯茲人組成，還有一些貝都因人和索卡西亞人（Circassians）。這個單位至今依然存在，在邊境巡邏上扮演重要角色，同時也肩負其他使命。」

另一個例子則是，IDF在士兵初次服役期間所提供的教育，程度已經大大超越有效完成軍事目標所需的專業訓練。由於軍人很快就會進入社會，IDF也擔負讓他們成為合格公民的責任，因此許多在軍事上算不上重要的群體，例如初來乍到的移民或是身心障礙的以色列人，都能享受IDF提供的教育，包括希伯來文課程，以及取得高中文憑的協助等。

除此之外，士兵在服役期間，還會參加為期一周的研討會，內容涵蓋以色列的歷史、地理、自然、社會等各層面。IDF在以色列猶太大屠殺紀念館以及位於特拉維夫大學的猶太人大流亡博物館內都擁有教育單位。IDF同時也透過結合軍事基地中的教學與工作幫助弱勢青年。重要的是，這些計畫並不是為了士兵設計，而是為了以色列社會中的弱勢族群打造，因此這些計畫對作戰的貢獻相當微小，甚至根本不存在。

但就如同特拉維夫大學的教授摩西．謝勒（Moshe Sherer）所言：「IDF有各種特別為年輕人設計的課程與計畫，目的是教育、訓練、提供謀生技能，以讓他們融入社會。這樣使得因為經濟因素而沒有足夠教育機會的青年，有了第二次機會。」[5]

不只是軍隊融入以色列社會，反之亦然，也就是說，平民也會參與非作戰相關的軍事活動。許多志願組織就會積極參與募款，以解決國防預算無法處理的事項。例如以色列士兵福利協會（Association for the Wellbeing of Israeli Soldiers），就會為士兵的運動設施、文化需求募款，該組織的志工也會出現在前線，為軍人提供補給品，如果有必要的話，也能幫忙軍人傳話給後方的家人。

有一件事非常重要，那就是以色列軍隊和以色列人的生活息息相關，而且在許多層面上，都是以色列人生活經驗的一部分。以色列人不斷在軍事領域及日常生活之間轉換，並保持良好的流動性。

軍事資本、社會網路、聯誼會

論及以色列的軍隊和科技產業之間的關係時，德州大學社會學系的歐里·史威德（Ori Swed）及約翰·巴特勒（John Butler），提出了所謂「軍事資本」（military capital）的概念。[6] 這個專有名詞指的不單是建立國防所需的資產，而是人力資本（在軍隊中獲得的新技能）、社會資本（新的社會網路）、文化資本（新的社會規範及行為符碼）三者的總和。史威德及巴特勒在他們的研究中發現，色列的科技產業非常重視軍事資本，軍事資本在科技產業的應用也相當廣泛。此外，百分之九十的科技從業者都是退伍軍人，沒有IDF相關經驗的人，就無法進入這個產業。數據也顯示「科技產業中的員工，只有百分之三是阿拉伯裔以色列人，奉行極端正統猶太教的哈雷迪人（Haredim）佔比更低，只有百分之二點四」。但這兩個族群其實佔了以色列人口總數百分之三十，他們從事其他產業的比例也相當正常，因而研究者特別指出「他們幾乎等同於被逐出科技產業」。若是先暫時擱下相關的社會問題，上述數據顯示的是，在科技產業中，比起免役者（如哈雷迪人），完成軍事服務的人更受青睞。

退伍軍人的優勢地位來自幾個原因，其一是士兵在訓練期間獲得的能力，這些能力在服役期間又會更加精進。另一個可能更重要的原因則是在服役期間所獲得的社會連結。史威德和巴特勒指出，個體的社會連結越強，就能維持得越久，進一步又能擁有更多社會資本。

在IDF服役期間所建立的社會網路，常常會在軍隊的脈絡之外受到維持與擴張。例如由退伍軍人創立的官方機構、論壇、團體都具有社會交流的功能，能夠將服役期間建立的袍澤情誼延伸到日常生活中。在退伍軍人融入社會的過程中，上述的社會網路扮演非常重要的角色。在大部分的國家裡，政府通常很傷腦筋要如何使退伍軍人融入社會找到工作。學者拉法葉拉・迪・席安娜（Raffaella Di Schiena）針對民間組織和軍事單位之間關係的研究指出，無家可歸的美國退伍軍人對美國政府是個頭痛的議題，必須積極處理退伍軍人如何銜接社會的問題。

另一方面，以色列的情況則截然不同。以色列處理退伍軍人的模式，不僅將軍事經驗視為優勢，軍人在服役期間及退伍之後所建立的社會網路，也正好是他們重新融入社會的起點。史威德和巴特勒的研究指出：「有超過七成的以色列人口，認為從軍會對發展社會連結帶來幫助，而且有超過六成八的人口，認為 IDF 的經歷，能夠幫助求職。」

這類社會網路的結構化，通常會以聯誼會的形式展現，目前有許多類似的團體相當活躍，目標各不相同，從傳承單位的價值及精神、幫助退伍軍人重返社會找到工作、到鼓勵以色列人出國擔任志工等，例如「生命鬥士」（Fighters for Life）這個團體。

在這些團體之中，組織規模最大，也最具影響力的，莫過於「八二〇〇部隊聯誼協會」。八二〇〇部隊的名號在以色列的科技及新創產業中非常響亮，八二〇〇情報部隊的退伍軍人也是把自己的軍事資本運用在平民生當中最成功的例子。

八二〇〇部隊聯誼協會於一九八九年建立，一開始的目的是為了保存及維護單位傳承下來的精神，這點和大部份的類似組織相同。目前協會成員已經超過一萬六千人，範圍遍及以色列社會的各個領域。而談到這個聯誼協會的成功，不能不談談以色列企業家尼爾．連伯特（Nir Lempert）的故事。

尼爾目前擔任「梅爾集團」（Mer Group）的執行長，說到領導一個企業徹底脫胎換骨，沒有人比他更厲害。在來到梅爾集團之前，尼爾是以色列電視台「第十頻道」（Channel 10）的執行長，曾領導電視台渡過多次危機。在此之前，他是以色列電視集團「YES電視網」（Yes）的副執行長。他接著在「Zap集團」（本來叫「以色列電話簿」）擔任了將近十年的執行長，帶領該公司從紙媒過渡到數位化，完全拯救了電話簿遭到淘汰的命運。身為改變專家，尼爾卻能在一家公司待了將近十年，看起來或許有些不合理，但只要仔細檢視就能發現，十年前他進來工作的公司，和十年後他離開的公司，基本上已經可以算是兩家不同的公司了。

除了驚人的適應力之外，尼爾還有另一項特質，那就是忠誠。他為IDF奉獻了二十二年的歲月，曾在八二〇〇情報部隊中擔任各式職務，最後以上校軍階退伍，但他和八二〇〇部隊的緣分才剛要開始。目前他擔任八二〇〇部隊聯誼協會的主席，主要任務是推動基礎工作，以促進以色列人學習創業技能及相關思考方式。

尼爾記得，是在二〇〇六年他接掌主席之後，八二〇〇部隊聯誼協會的規模才開始擴張。「我們處理的事務，除了傳承單位價值之外，也開始擴及到發展協會的社會網路，使其茁壯，並且能夠在更大的社群中發揮影響力。」[7]協會的成功，首先顯現在會員人數的成長上。尼爾說道：「自從協會建立以來，我們的會員人數從幾百人擴張到上萬人，我們有很多志工積極參與各式活動與計畫。」

「我們決定發展一套自己的世界觀，因此要將八二〇〇部隊聯誼協會在社會網路中擁有的影響力、相關的知識與經驗、甚至是我們的名稱，都化為資本。我們想看看，我們要怎麼將這個概念、這個現象，推廣到以色列社會這個整體中。到目前為止，我們有五項正在進行中的大型計畫，還有其他各種活動及小型計畫，所有活動都向大眾開放，不僅限於我們的會員，雖然這些活動都是由會員設計與執行，不過卻不是專為他們提供，而是恰恰相反，要盡可能對外推廣。事實上，這些活動大多數的參與者，都是來自協會外部。」

「我們的目標是要為新創企業家提供資源，他們可能還處在概念階段，但我們注重的不是他提出的概念，而是這個人本身。我們所做的事情，就是在人與人之間建立連結。我們會尋找講師、介紹相關的個案、將外部的社群和我們自身的網路連結。接下來，就是協會的成員，或許不盡然是八二〇〇部隊出身，但是可以和擁有八二〇〇部隊背景的人連結，最後建立自己的新社群。」

二〇一〇年，我離開了先前科技公司法律顧問的職位，開始創業之路，而我的第一個成果，就是「八二〇〇部隊企業及創新支持計畫」（Entrepreneurship and Innovation Support Program，簡稱 EISP），這是我以八二〇〇部隊聯誼協會代表的身分所創立的計畫。計畫的目標是要運用八二〇〇部隊聯誼協會現存的社會網路，來幫助初次創業的企業家，無論他們的背景為何都能申請。這個計畫是根基於八二〇〇部隊的核心價值，當然也包括篩選過程，如此一來，我們便能找出前景最具發展性的新創企業家，提供他們和八二〇〇部隊社會網路接軌的機會，同時他們也能和同伴建立全新的社群。目前這個計畫孕育出來的新創企業及科技公司已經超過一百間，這些公司之間創立了一個社群「八二〇〇 EISP 聯誼社群」（EISP Alumni network）。原本始於八二〇〇部隊聯誼協會的計畫，已經自成一個全新的獨立社群。

在以色列全國都能發現類似的例子：在軍中建立的社會網路，不斷受到複製並且應用於平民生活中。其中一個先驅就是源自尼爾和八二〇〇部隊聯誼協會，他們創立了一個專供阿拉伯裔以色列人和德魯茲人申請的計畫。尼爾解釋：「我們發現這些族群主要面臨兩個重大的問題，第一個是他們大多住在偏遠地區，第二他們是少數民族，無法進入一般的社會網路，更不要說是八二〇〇部隊的社會網路了，因為他們加入八二〇〇部隊的人數也相當少，所以我們協助他們進入科技產業。目前正在討論一個叫作『混合』（Hybrid）的計畫，打算每隔幾個月就安排新創企業家和資深企業家會面，一同討論相關個案，希望能加速相關發展。我們還有另一個計畫叫作『八二〇〇 Women2Women』，招收大約三十名女性，大部分都是八二〇〇部隊退伍，以系統化的方式，擔任其他年輕女性的導師，這些女性則不盡然是來自八二〇〇部隊，但都處於抉擇職涯發展的十字路口。」

八二〇〇部隊聯誼協會可說是以色列民間力量的最佳代言人，而這種現象在整個以色列都相當普遍，如同尼爾所解釋：「協會本身沒有正式的架構，沒有領薪水的管理者負責發號施令，也沒有辦公室，所有事務都完全電子化，即便我身為協會主席，我的工作也只是幫忙協調，我的角色就像樂隊指揮一樣，負責調和不同的樂器。我們所提供的資金，達成目標的比例是百分之百，這點讓我們非常驕傲，而且協會的事務與運作，從頭到尾都是由這些退伍軍人一手包辦，不假他人。」

第十三章

管理

誰才是老大？

外在環境常迫使制度或個體做出調整，帶來的結果有好有壞。幸運的是，在以色列國防軍 IDF 的情況中，外在侷限最後常常帶出來正面效果，及時發展成守則，最後成為整體的態度、文化、價值觀。

IDF 面對的最大挑戰，就是人力的匱乏，前面章節提過，IDF 的人員編制每三到五年都會進行大換血，因此全軍都不能仰賴資深軍官的帶領。以美國為例，美國的軍官招募訓練系統，就不可能複製到以色列，因為以色列資源太少。以色列目前的系統，是綜合自身的優勢及劣勢後，演化出來的結果，幸好這套系統目前運作得非常完美。

和其他國家的軍隊相比，IDF中大部份的資深軍官都不是職業軍人，因此整支軍隊從上到下，每年都必須訓練新人來填補這些多元的職位。對軍官來說也是如此，要成為以色列的軍官，沒有任何捷徑，大部分的軍官和我一樣，都是從自己的單位晉升，接著再回到原先的單位，因此資歷跟團隊其他成員差不了多少。每一名以色列軍官，最初都是個士兵，這對軍隊帶來非常明顯的好處：先把所有的人都當成士兵對待，接著再慢慢拔擢適合的人選。

這樣的制度也造就了IDF另一個特色：扁平的階級模式。因為軍官通常會回到他們原先的單位，而且指揮的對象常常是先前一同入伍、一同訓練的夥伴，這使得軍官和士兵的相處模式，與各國軍隊常見的相處模式完全不同。以色列的士兵和軍官非常親近，而且士兵也視軍官為自己的一份子。這樣的模式不僅不會妨礙紀律，還能促進尊重軍官的文化，因為軍官先前也和士兵一同訓練及作戰，而且正是因為他們表現優異，他們才能成為軍官。前一章提到的學者路易．威廉斯認為，以色列每個軍人無論階級，起始點都是相同的，加上IDF在融合不同背景的人們這點上，作得相當成功，軍階僅僅是代表軍官的軍事素養以及指揮能力而已。他還補充：「軍官和其他階級的士兵，都穿同樣的制服，吃同樣的食物，同樣排隊使用同一個食堂，住在同樣的軍營中。」

IDF權力關係扁平的文化，還有另一個特點，那就是責任會平均往下分散。目前的情況，就如同軍事史學家愛德華．路特瓦克（Edward Luttwak）所述：「IDF軍官人力匱乏，是刻意為之，負責下令的資深軍官人數非常少，代表低層級的人員能有更多的決策空間。」[1]

市場即軍隊

〈貝都因情歌〉（Bedouin Love Song）是一首著名的以色列歌曲，描述一個天生流浪者的故事，他碰到了沙塵暴，被迫拋棄自己的帳篷四處流浪。這首美麗的歌曲，讓我想起現代版的流浪者，也就是所謂的「世界公民」。

納達夫．札夫里爾（Nadav Zafrir）於一九七〇年出生於克里亞特安納姆（Kiryat Anavim）的一個「基布茲」（kibbutz）集體農場，父母都是土生土長的以色列人，他在兩歲時就開始流浪生活。首先，他家從基布茲搬到另一種集體農場「莫沙夫」（moshav），這兩種不同型態的集體農場，都是以色列相當特別的定居模式，當年的生活文化截然不同。納達夫的父親擔任酪農，這件事影響了他的一生，他的童年回憶包括餵牛、澆灌家裡的柑橘園等，以及最深刻的回憶：贖罪日戰爭時到防空洞躲避空襲，他的父親則奔赴戰場，母親趕緊抓起一台電晶體收音機帶著他避難，收音機成為他們在防空洞中唯一的消息來源。

納達夫七歲時全家搬到多明尼加，他的父親在當地建立一座牧場，這是當時以色列外交部支援發展中國家政策的產物。他在當地就讀美國學校三年。接著全家又搬回以色列，只是幾年後又再次搬遷到厄瓜多的首都基多，他的父親在當地經營香腸工廠。十八歲時，納達夫回到以色列從軍。

流浪生活並不容易，必須不斷調整自己，以因應外在瞬息萬變的環境，同時也使人生中那些看似永恆的事物，隨著時間及環境改變漸漸逝去。重新開始需要不斷練習，而納達夫可說已是箇中好手，雖然需要付出極大代價，但成果也相當豐碩。

納達夫的軍旅生涯至今仍列為機密，我只能簡略轉述。他先是從傘兵旅調到特種部隊，接著又到科技單位，最後來到八二〇〇情報部隊，在這裡建立了IDF的網路作戰司令部，官拜准將。官階這麼大，就必須要把事情作得低調又順利，還要應付錯綜複雜的人際關係，這些技能都無法輕易學會。或許正是因為納達夫在成長過程中已經學會隨時調適，因此每次需要適應不同文化、不同人群、不同挑戰時，他都能成為一名好軍官、好領袖，最後成為一個獨特的企業家。

納達夫身為企業家最大的成就，就是在他在二〇一三年共同創辦的智庫及創投公司 Team 8，負責處理大數據、機器學習、網路安全等領域。納達夫面對網路攻擊的態度就是：正面打擊那些發動攻擊者——創辦一間公司，投注所有資源加速公司發展，規模擴大之後，再創辦另一間公司。重點是要強迫自己不斷改變，不要死守著「常識」和「最佳典範」，也不要過度沉溺在自己的想法中。每年都要強迫自己在網路永不止息的學習戰爭中，成為贏家。

這就是不被市場淘汰、甚至領先市場的方法，Team8 迄今已創立多家前景看好的網路安全公司，包括 Illusive Networks、Claroty、Sygnia、Hysolate、Portshift 等。目前的業務則是轉至資訊安全領域，特別是檔案轉換，例如他們最近成立的公司 Duality Technologies，就是和麻省理工學院的教授及世界級的高等數學專家共同創立。

納達夫目前擔任多個網路相關諮詢委員會的顧問，學術界、商業界、軍方也都視他為網路安全領域的權威。

納達夫認為，隨著發展越趨複雜，改變的速度也越來越快，管理的典範也應該與時俱進。階級明顯的傳統指揮鏈注定失敗，必須以一種更為寬鬆、扁平、易於調整的方式取代。在現在這個瞬息萬變的時代，如果還認為單一的管理模式就能帶來進步，那這種想法就不合時宜了。無論是科技本身還是製造、行銷、銷售等環節，複雜性越來越高。在這樣的世界中，應該要建立一個公開透明的數據蒐集系統，以及不斷尋求替代方案並廣納各方意見的決策過程。納達夫認為：「在實務層面上，現今不管是在軍事領域或商業界，階級分明的管理方式都已不再適用，現在需要的是不受階級限制的溝通平台。」[2]

需要強調的是，IDF 絕對是一個階級系統，但和其他階級系統（不管是軍事或企業）的不同之處，就如同納達夫所述：「在 IDF 中，大腦永遠會詢問身體各部位的意見，雖然有嚴謹的指揮鏈，但上層和下層之間的溝通管道卻十分暢通，因此造就平面、輻射發散的決策過程。」這樣的方式代表下層必須積極參與，或至少對整體的策略有一定的理解：每個士兵都必須瞭解整體的目標，具備達成目標的能力，因為並不是每次都有時間能夠將狀況傳遞到指揮鏈最上層。

納達夫回憶：「如同本・古里昂（以色列第一任總理）所提倡的，每名士兵都必須將自己視為和參謀總長一樣重要，當然，這樣的結構也有自己的問題，首先，這樣會產生很多混亂，而且對情況的掌控可能不如預期。但最後還是要回到一個問題，就是如何平衡『命令』及『隨機應變』。如果是運用傳統的階級結構，這樣的平衡就永遠不可能達成。」

納達夫也將自身的軍事經歷應用到公司的管理中，他解釋道：「我們是負責創立公司的平台，一方面我們擁有新創企業隨機應變的能力，但另一方面，我們的深度研究能力及組織建立方法，都高度結構化，同時需要紀律。想要在複雜的環境中成功，就需要能夠在『混亂』及『秩序』兩個極端之間不斷移動。」有時候階級制度是必須的，但有時候卻只是在擋路；有時候你需要自由發展的空間，有時候卻也需要接受指引；混亂可能招致漏洞，但秩序卻阻礙進步。納達夫在這方面非常堅決：「我們相信最棒的創意往往發生在混亂的邊緣，由伴隨混亂而生的天馬行空想法所驅動。」

確實，領導是門藝術，需要隨機應變與創意，但深度思考及整體架構也不可或缺。納達夫解釋：「比如說在我和夥伴之間，當然就不存在階級，但這和他們每個人都擁有各自的職銜、專業領域、以及該負的責任，完全沒有衝突。重要的是，管理責任由大家分攤，而且完全透明，每個人都可以隨時參與及貢獻。」

納達夫現在依然繼續在世界各地演講。為企業家、公司執行長、以及上萬名聽眾，講解在現在這個複雜的時代，如何建立韌性。只不過現在他的流浪，是由明確的目標及熱情驅動，要將以色列的新創及科技產業，和世界各個領域的領袖連結，包括商業、政治、醫學、學術等。談及如何解決世界面臨的重大問題時，納達夫相信「一定要集眾人之力」，而身為一個徹頭徹尾的世界公民，他當然也是領導的不二人選。

以色列空中大學（Open University in Israel）的助理教授耶格爾．勒維（Yagil Levy）指出，在軍事及民間組織中，扁平的階級結構能夠減少管理層的人數，進而減少成本。更重要的是，還能加速「資訊從指揮中心流動到各單位的速度，單位間的資訊流通亦然。同時也能讓資訊即時獲得充分的運用。這個模式讓下層人員得以發展自主空間，進而使單位針對眼前的事件能夠更快應變，特別是在處理突發事件上」。[3]

IDF運用數十年的方式，現在世界其他地方的軍事組織也紛紛開始採用。勒維還認為，新興的網路戰，就是扁平化結構所造成的一種結果。

要不要扁平化結構？

在商業領域中，所謂的扁平化組織包括前述納達大在其公司採用的模式，就是在公司的員工以及高階主管間，沒有多重的階層，員工無須透過繁瑣的程序，就能接觸到公司老闆或其他主管。和其他組織模式相比，扁平化組織因為呈報管道相當精簡，通常會擁有更多資訊，決策速度也因而變得更快。

扁平化組織會促進員工積極參與公司的決策過程，同時提供他們權力與動機，從公司的觀點來說，這會促進討論，從而激發創意，激發出多元的實務操作方式，同時面對各種不同想法及意見時也有更大的包容。透過賦予員工權力、減少中階管理層的人數，公司內部股東及外部顧客的回饋，都能更快得到處理與解決。

對扁平化組織存有疑慮的人，常常會認為組織要成功，階級制度很重要，不管是在軍事或商業組織都是如此。他們相信，基層員工的地位（例如店員）和決策者（決定該做什麼、該怎麼做）比起來一定比較低。換句話說，他們認為那些真正在基層操作實務、當機立斷作出判斷、每天和顧客接觸推銷的人，能力比不上制訂經營策略的人。但這樣的想法其實是錯的，事實是，許多現今獲得成功的企業，靠的都是扁平化組織的功勞。

Automattic 網路公司就是一個例子，這間公司擁有知名部落格網站 WordPress，另外還擁有全球大約百分之二十的網站。即便規模如此龐大，員工人數其實僅有數百人，全部都遠距上班，採用高度自治的扁平化管理模式。另外，曾開發戰慄時空系列（Half-Life）、絕對武力系列（Counter-Strike）以及其他各式電玩的知名遊戲公司 Valve，則是以根本沒有老闆聞名。

有一個非常好的例子，便是全球最大企業之一的戈爾公司（W.L. Gore）。雖然擁有超過一萬名員工，組織結構卻僅分為三層：執行長、高階管理者、其他所有員工。戈爾公司所有的決策，都是由八至十二人組成的團隊進行，這些團隊自行管理所有事務，從徵人、發薪水、到工作內容等。戈爾公司由公司內部普選的執行長泰芮．凱莉（Terri Kelly）曾告訴《哈佛商業評論》，比起依照傳統的發號施令控制模式運作，「（公司）仰賴一大群背景多元、享有共同價值、對於整體公司成功具備個人歸屬感的員工及領導群，這樣比較好。因為這些個體獲得了賦能，會為自己負起責任，因此在監督管理事務上，將遠遠勝過單獨的、從上掌控全局的、官僚的結構。」[4]

網路軟體公司 37signals 的共同創辦人暨執行長傑森．弗德（Jason

Fried），也在《Inc. 商業雜誌》的一篇文章中談到：「37signals 一直以來都採用扁平化組織的方式管理，扁平化是我們核心價值之一。我們有八名軟體工程師，但沒有技術總監；有五名設計師，但沒有創意總監；有五名客服人員，但沒有客服主管。我們沒有多餘的空間給那些沒在做事的人。」[5]

確實，重要的是真的有在做事，以及需要達成的實際目標，不管是在軍事行動或是市場競爭中，都是如此。

特別是在瞬息萬變的環境中，扁平化組織更能展現優勢，比起階級嚴明的公司，由數個擁有共同目標的自治團隊所組成的公司，一定更為靈活，也更能適應環境。行銷專家克莉斯蒂．碧伯（Christy Rakoczy Bieber）補充，扁平化組織能夠自然促進合作及溝通，「因為部門數量減少，資訊就更容易傳遞，同時也由於高階管理層離中階及低階管理層更近，在溝通上也會更有效率。」[6]更好的溝通代表決策速度也會提升，能夠緩解繁瑣的行政程序，此外，「在扁平化組織之下，政策也更容易實施，因為溝通現在更為簡單。」這需要很大程度的透明，讓位於組織下層的員工，瞭解整體的商業模式，並從公司經營策略的角度思考。

這樣的方式能夠帶來巨大的成果，一九六七年的六日戰爭便是一例，知名專欄作家，戈布里（Pascal-Emmanuel Gobry）對此就有精闢的見解：當時IDF沒有全盤戰略來處理如何進軍西奈半島，但是「在攻下戰略意義重要的城鎮阿里什（El Arish）之後……IDF一路打到蘇伊士運河。這不是出於任何上級的命令，而是由前線的指揮官們自行決定，他們完成初步的目標後，決定繼續挺進，他們並沒有停下腳步等待來自中央的命令。」[7]

第十四章 隨機應變及與時俱進

歡迎加入國軍！你即將領取制式的裝備：鋼盔、制服、羅盤、急救包，當然還有步槍。這套標準裝備裡面，有哪些品項是你想要換掉的嗎？還是你覺得它們之所以成為標準，一定有背後的原因，所以不想任意更換？你覺得一般以色列人又會怎麼做呢？

從入伍的那一刻起，以色列士兵就會不斷改造自己的裝備、制服、甚至武器。不僅是讓效能提升，也會增添個人特色，這點或許一點都不令人意外。在希伯來文中，我們有個特別的字來指涉這個現象：shiftzur。這個字表示更新、改裝、改進、改善。在實務上，這個字表示將一個現有的計畫或現有的設備，依照個人需求、喜好、風格進行調整。

以色列國防軍裡面最廣泛的現象，可能就是shiftzur了。最喜歡shiftzurim（shiftzur的複數形）的士兵，常常會受到讚揚，還會成為模仿的對象，甚至連他們的長官也會模仿他。Shiftzurim最常出現在士兵的鋼盔、背心、武器上，士兵通常先從彈匣下手，先用繩子把彈匣跟槍枝綁在一起，再用絕緣膠帶纏好，這樣彈匣就不會從槍枝上脫落，也能保持乾燥。

某些改變是為了作戰需求，由軍官下令進行。有些改變則是單純為了炫耀，讓武器或制服看起來比較酷、比較獨特、更具個人風格。例如士兵們常會把單位的隊徽貼到武器上，事實上，士兵所有的裝備上都會出現部隊的隊徽，包括鋼盔、武器及周末放假時他們背回家的大背包。

其他國家軍隊可能有類似現象，但絕不像IDF這麼普遍，而且也絕對不受鼓勵。以美國陸軍來說，可能公家配發的裝備本身品質就已經非常好，不再需要改進調整。另外，大部份軍隊並不推崇獨特、創意等價值。在IDF卻不是這樣，IDF從第一天開始，就鼓勵士兵動手調整自己的裝備，不僅是出於實際需求，也是因為這能夠讓士兵表達自己，並彰顯單位的榮譽。

有些單位甚至專門派人負責shiftzur這項業務。諾姆・雪倫（Noam Sharon）就是負責這類業務，她是特種部隊退伍，從軍時和幾個同袍一起負責裝備工坊，主要任務就是協助戰鬥人員客製化他們的裝備。她解釋道：「shiftzur的目的就是為某次特定的任務來改造裝備，或是為某個擁有特定需求的士兵調整。」[1]

shiftzur 的需求常常來自士兵自身，他們會來到我們的工坊，想要修改背心或之類的東西。我們歡迎所有士兵，只要解釋他的需求及面對的困難，例如他想在兩秒鐘內快速拿出某個裝備的話，該怎麼調整，我們就會根據他們的需求改造裝備。我們也常常和單位長官一起坐下來討論即將來臨的任務需要什麼特別的裝備，要拿現有的裝備加以修改，或是從無到有開始打造。

這個職位的美妙之處在於，我們的想法及行動都完全自主。我們團隊的一個成員甚至主導採購過程，從列出採購清單，到和供應商議價，都一手包辦。我們確實是有受到監督，但大致上來說，我們完全可以自行承擔成敗，我們可以讓創意及想像力盡情馳騁，而在軍事組織中，不可能擁有比這更棒的經驗了。

聽起來可能很瘋狂，但諾姆擔任這個職位時，年僅十九歲，沒有設計或縫紉等相關經驗，一切都是她在工作過程中學會的。

凱西創投公司（Cathay Innovation）的營運合夥人、The Time投資公司（The Time Investment Group）前執行長暨合夥人尤里·韋恩西伯（Uri Weinheber）博士認為，shiftzur是以色列文化中一脈相承的隨機應變，所顯現的具體結果，特別是在IDF中，是「以色列人多元的展現，某種程度上來說，軍隊就是以色列社會及文化的縮影，shiftzur正是這個文化的特徵。事實上，這是整個國家的潮流，人們觀察某個既存的現象，接著不斷尋找方法適應、改變、或改進。不肯接受現狀、努力尋求改進，這非常以色列。這不是為了改變而改變，而是真的讓事情變得更好。在以色列，改變常常是靈機一動的結果。」[2]

尤里的職涯發展恰恰印證了這種思維，他自己一開始擔任步兵，接著擔任軍官。後備役期間，他創立了一個菁英作戰單位並擔任指揮官。他帶領他的部隊參加過大大小小的軍事行動及戰役，過去幾年間官拜上校，以後備役的身份在前線領導作戰單位，這部分是軍事面向。而在學術上，尤里的研究領域牽涉科學、科技及社會的關係，他的博士論文題目是在網路上的衝突，如何影響新科技及新產品的發展。尤里表示：「衝突也可能同時激發改變與創新。」

一九九〇年代初期，尤里進入以色列科技產業，負責產品管理。他充滿創意，常常提出創新的問題解決方法，也對破壞性創新相當有見解，因而成為產品部門的副總。接著他自己成立公司，擔任新創企業及創投公司的執行長，同時也大量投資創新的以色列新創企業，很多他投資的公司都相當知名而且成功。尤里認為：「有些專家從科技的角度看待投資過程，這些專家大部分都是工程師，有些人則從金融的角度看待，這些人大都是擔任財經相關職位並擁有管理學位。然而，我是從問題解決的角度看待新創企業，身為作戰指揮官時，我每天都採用這種角度思考，而在成為科技新創企業投資者後，我也依然這麼做，在學術研究上也是。我習慣尋找問題，不管是過去或未來的問題，並且根據既有的資源，想出跳脫框架、充滿野心、同時又創新的解決方法，也就是從使用者的角度，來看待這些挑戰。」

尤里在不斷改善的環境中顯得如魚得水，他會運用許多不同的方法，而隨機應變正是最有用的策略。「以色列這整個國家，尤其是IDF，一開始都是一個不斷尋求改善的平台，我們的文化蘊含一種改變的能力，這同時也是必須的。這並不是一套嚴謹的方法或守則，而是一個概念，從必然的需求出發，並依照現實的條件發展。這種態度比較像是以色列文化的一部分，而不是一種程序，對任何（組織）來說，不斷改進的能力，絕對是必然發展出來的結果。」

shiftzur 是從使用者的需求自然發展而來，因而也可以說是一種非常普遍的現象。尤里解釋：「從改善裝備開始，乃至改善系統以及守則，是一個持續不斷，而且由下而上的過程，這也是為什麼會這麼有效。需求及渴望來自『市場』，意即使用者本身，因而可以將 shiftzur 視為 IDF『媒合市場』的過程。軍事裝備是一種產品，在經過使用者調整之後，又回到『製造者』手上，目的是要進行必要的調整，接著再繼續開始下一輪的產品週期。」上述的軍事裝備只是一種比喻，可以應用到所有類型的產品、服務、及方法上。

個案研究：以色列空軍（IAF）[3]

另一個能夠讓 IDF 不斷嘗試「適應市場」的重要因素，就是這個組織從錯誤中學習的嚴格方式，以色列空軍便是最好的例證。

歷史作家史蒂芬．普萊斯菲爾（Steven Pressfield）在他有關六日戰爭的著作《雄獅之門》（The Lion's Gate）中曾這樣說：「以色列空軍有一種殘酷無情卻直接的任務提示文化。每個訓練日結束之後，整個中隊會在簡報室集合，接著中隊長就站到前面，向我們指出我們今天所犯下的所有錯誤。不只是那些年輕飛行員犯下的錯，也包括他自己的錯誤。他一點都不害怕自我檢討，同時也要求我們能以同樣的坦率態度發言。如果你搞砸了，就大方承認，然後想辦法改進，自尊一點意義都沒有，改進才代表一切。」[4]

而在美國陸軍中，通常在軍事行動結束後一周之內會進行簡報，這段時間能夠讓士兵充分休息，並且仔細思考。雖然大多數時候是由單位領導者來主持簡報，但任何階級的士兵都能夠參與討論，因為他們都實際參與軍事行動，聽取簡報的團隊則通常由十人組成。普萊斯菲爾解釋，在美國稱為「簡報兵」（debriefers）的人，是那些「經過特殊簡報訓練的人，對團體資源具備一定瞭解，同時也對壓力及如何處理相當熟悉」。簡報兵或是負責監督簡報過程的人，通常會由單位外部的專家擔任，這或許是為了維持中立。

而IDF的簡報文化，特別是在空軍，和美國的情況有非常大的差異。差異之一便是在IDF的簡報過程中，進行簡報的人就是親身參與演習或軍事行動的士兵，有時候也可能會有單位指揮官。不會有外部「專家」涉入，所有的學習與教訓都是在單位內部發生。無論結果是好是壞，士兵都擁有自我檢討的責任，同時也應該要能夠瞭解並分析自己的錯誤，進而從中學習。另一個差異則在於資訊的機密程度。美國陸軍簡報守則中的首要概念，就是「在簡報過程中透露的一切資訊都不應外洩，簡報的目的也不是要在事後追究士兵的責任……簡報不是要找出代罪羔羊，簡報過程中討論的資訊不會往上呈報。」

在IDF中，分享簡報過程獲得的結論則是一種習慣，不會被視為某種羞辱，也不會對士兵造成後續影響。另一方面，如果發生重大事件，和其他人分享結論與結果則更加重要，這樣才可以讓每個人都能從中學習。

除了是個從錯誤中學習的有用方式外，IDF的簡報文化還有其他重要之處。引導簡報文化的整套態度及思維，可以說就是建立在隨機應變及與時俱進之上。而要深入理解這套文化的根源及運作方式，最好的方式就是從內部出發。

最能精確描述這套文化的希伯來字，非dugri莫屬，這個字代表的，是能夠照實描述事物，不加矯飾的能力。因此，用dugri形容一個人，表示這個人說話非常誠實、中肯，即便有時候可能會讓人感到不快。

dugri在IDF的簡報過程中佔據重要地位，重點就是接受事實，並以易於理解而且全面的方式闡述事實。比如說可以想像以下情境：你今天過得很糟，工作上有一場重要的簡報，但過程不如預期。簡報結束後你回到辦公室，工作夥伴問你：「今天的簡報怎麼樣呢？」你會怎麼回答？

許多人可能會回答「爛透了」或是「不太好」，但這充其量只是在描述你的感受。如果你換成問自己：「我下次該怎麼做，才能達到預期的成果呢？」在這樣的情況下，答案就不會是「爛透了」。

而以色列空軍的簡報過程，採用三個問題來分析事件以及事件的重點：發生了什麼？為什麼發生？下次該怎麼改進？

這些問題能夠協助整個過程進行，將其變成一次學習經驗，而不是指責某人的機會。所以，與其說「簡報糟透了」，答案可以調整成「我沒有我想像中的那麼靈活，加上我非常疲倦，前一天半夜兩點才睡，我應該要睡滿七小時才對。」你還是可以在開頭加上「爛透了」，這樣能幫助你發洩一下情緒，讓你擺脫不好的感受，但還是不會改變任何事。而 dugri 這個精神最大的好處，就是跳過情緒，直接進入事件過後的學習階段。

這也就是為什麼 IDF 簡報過程中，會強迫每個人注重事實。還沒熟悉這套過程的人可能會有以下的對答：發生了什麼？很慘的結果。為什麼發生？我不知道。下次該怎麼改進？我會把事情做好。這類回答沒有提供任何事實，也沒有任何能夠協助下次改進的事項。因為這些人沒有 dugri，他們強調的是「感受」，而不是「具體的行為」，所以整個過程不會帶來任何幫助。

另一個在分析事件時常犯的錯誤，就是責怪他人或是逃避責任。比如一名飛行員在降落時，由於側風而偏離位置，這名飛行員可能可以正確陳述事實，但在回答「為什麼發生？」時，可能會說：「因為有側風。」這樣的回應雖然能夠讓他不必承擔責任，但完整的正確答案應該是：「因為有側風，而我校正的程度不夠。」

要從某個事件中學習，最棒的方式就是問自己，在同樣的情況下，「下次該怎麼改進？」這看起來是一件很簡單的事，但可能是最重要的一件事，因為總是有很多理由可以怪罪。

最後一個常見的錯誤，就是學到錯誤的教訓。比如說在學習騎腳踏車時摔倒了，錯誤的教訓有可能是「我不會騎腳踏車」或是「腳踏車會讓我摔倒，所以我再也不該騎車」。這些錯誤教訓無法改善你下次的表現，只會終止學習過程。

黃金守則永遠是問自己：「這個教訓能夠幫助我達成目標嗎？其他人在同樣的情況下，也會學到同樣的教訓嗎？」舉例來說，我騎車摔倒的原因，可能是因為騎車的時候一直看著前輪，而不是看著前方的路面。那麼，我能和其他人分享這個教訓嗎？在這個情況下，當然可以，教訓就是：「騎車時一定要看著前方的路面，如果你真的很想看前輪，就稍微看一下，然後再把視線放回路面。」

上述的過程，不僅在事情出錯時有用，也能應用到正向的回饋上。你可以問：「我做對了什麼？」之後列出一串下次可以再次遵循的事項。這不僅對鼓舞士氣相當重要，也因為這次做對一件事，並不代表下次情況也會一樣，有具體的事項可以遵循，能幫助你持續達成目標，同時也能幫助其他人達成。

因此，以色列空軍每一次的任務結束後，都會以任務歸詢作結。每個中隊都會有一名軍官，負責記錄所有的資訊，同時也有記錄系統，結果將會向所有人公布，包括中隊裡的飛行員、其他中隊駕駛相同型號飛機的飛行員、甚至整個組織。空軍有一句名言：從其他人的錯誤中學習，比自己犯錯還好。

對適應瞬息萬變的環境來說，例如以色列空軍所處的環境，從自己的錯誤中學習，也從別人的錯誤中學習，可以說是非常重要的思維。雖然空軍是一個大型組織，但就和新創企業一樣，仍然必須時時刻刻面對新的挑戰，也不能總是在經歷過後才學到教訓。為了要達成上述目標，軍隊中的每個人都必須準備好隨時隨機應變，解決問題，同時持續學習，並和其他同僚分享其中的教訓，不管正面或負面。

隨機應變

有些人可能會認為，隨機應變代表未經事前協調、未經規劃的行動，往往執行上也很糟。其實這是錯誤的印象。隨機應變需要極度熟練的技巧、靈活快速的思考、整合知識及數據的能力以及其他多項複雜的特質才能達成。

在英文中，improvise（隨機應變）一詞是從拉丁文動詞 provisus 演變而來，該動詞意為「計畫」，而英文的形容詞 improvised（拉丁文為 improvises）是形容「未經計畫或準備」。希伯來文中的對應字則是 iltur，從 le'altar 演變而來，表示「立即」，因而和英文字義中帶有的「突如其來」不太一樣。在希伯來文中，這個字有立即性的意思，簡單來說就是活在當下。對以色列人來說，iltur 表示面對任何問題，都能迅速適應並且快速找出解決方法的能力。當你的資源有限，就像以色列經常碰到的情況，你就必須隨機應變。漸漸地，你就能學會越來越不依靠資源，因而資源的匱乏也就不成問題。「iltur」在以色列這個國家的思維中，不是代表必須處理突如其來的狀況，而是表示不需要依靠事先的計畫，應該要放眼當下，迅速適應。

在藝術領域中，特別是在劇場及爵士樂，隨機應變常常是團體活動的關鍵，這類活動不但不需要，同時也無法事先計畫。喬治．休伯（George Huber）及威廉．葛立克（William Glick）在他們編輯的著作《組織改變與重塑》（Organizational Change and Redesign）中寫道：「在一群能夠隨機應變的人之中……大家僅維持最低限度的共識，這樣才能保持根據不同情況，作出個別調整的能力……因此，他們才能以集體的方式，達成一個人不能達成的目標，但同時也因為保有各自不同的能力，而能夠個別處理無法預期的狀況。」[5]

要達成隨機應變的目的，環境、技能、無聲的溝通都是不可或缺的要素。如果不具備和彼此進行有效溝通的能力，就沒辦法找出共同的目標，也沒辦法一同找出達成目標的方法。同樣的，如果沒有所需的技能，也就無法在不同情況下表現，而如果沒有環境，就沒辦法在一開始瞭解情況，遑論作出合適的反應。此外，休伯和葛力克還強調，隨機應變發生得非常快。「隨機應變的程度越高，規劃與執行、設計與製造、發想和實施的時間就越短。」

所有人每天無論是在生活裡還是對話中，都帶有點隨機應變的成分。二十世紀知名的英國哲學家萊爾（Gilbert Ryle）在他和隨機應變有關的文章中曾提到：「為了要釐清此刻面臨什麼困境，一個隨機應變者必須讓自己適應眼前這個獨特的狀況，同時在過程中應用先前學到的知識。而他後續的反應，必定是結合了某種程度的隨機應變，以及實務上的知識。這代表先前獲得的知識和技能，以及預期之外的事件、障礙、或意外，兩者之間的競爭。」[6]

美國的組織理論學者卡爾．韋克（Karl Weick）指出，擁有高度隨機應變能力的團體組織，都具備以下特質，非常值得我們借鏡：

1、願意放棄事先計畫，依照情況即時反應。
2、充分理解內部有哪些資源，以及手邊擁有什麼素材。
3、無須事先計畫及判斷的專業能力。
4、能夠辨識出，或者取得共識，有哪些小地方需要修正。
5、對重整或變更例行的程序，保持開放的心態。
6、擁有一套豐富、有意義的全局計畫、細部計畫，能針對眼前的行動提出對策。
7、能夠提前發現過往經驗和眼前情況之間的相關連結。
8、擁有處理意外事件的高度技能。

9、針對預料之外（的行動），願意，也有能力，投入處理。

10、能夠注重其他人的表現，同時能夠以此為基礎，維持後續的互動，並創造更多的可能性。

11、當其他人隨機應變時，也能維持自身的步伐及節奏。

12、專注在眼前的合作上，不會被過去或未來影響。

13、喜歡並享受過程，更甚於整體架構。[7]

上述這些原則，就顯現在以色列國防軍及以色列空軍的簡報過程，以及藝術表演之中，同時也能適用於新創企業及商業組織。我認為，隨機應變這種文化現象，能夠為所有類型的公司帶來幫助，無論規模大小。隨機應變不只是一種可以應用的技能，也該將其視為一種短期學習的方式。大家都知道，當經驗造成整體的行為或知識改變時，就是學習發生的時候。安．邁勒（Anne Miner）、寶拉．貝索夫（Paula Bassoff）、克莉斯汀．摩爾曼（Christine Moorman），在一項和組織中的隨機應變有關的田野調查中發現，隨機應變和其他形式的學習很不一樣，在其他形式的學習裡，促成行為或知識改變最大的因素，就是過往經驗。[8]該研究也強調，隨機應變發揮在團隊或整個組織時，常常是最有效率的方式——例如當大家以團隊的身分修改某項產品時。這在只有一個人的情況下，是絕對沒辦法完成的。

隨機應變最具代表性的例子來自美國航太總署，一九七〇年阿波羅十三號的登月任務出了差錯，太空人必須解決各種難題，其中之一就是在返回地球穿過大氣層時，太空船即將承受的高熱。為了解決這個問題，工程團隊發明了鋁製隔熱層，透過各種方式，包括反射或直接吸收熱能等，處理外部熱源帶來的高熱。

有趣的是，不久後這項科技便成為住宅隔熱設計的基礎。人造衛星也是一樣的道理，美國航太總署本來想把衛星用於美國和歐洲之間的廣播用途，時至今日已擁有多種功能，包括天氣預報、精準導航、追蹤飛機所在位置、先進的武器系統（像是根據衛星訊號定位）等。其他發明如充電器、煙霧偵測器、核磁共振技術（MRI）、鏡片塗層、義肢等，原先也都是為了特殊需求而設計，後來卻都能應用至其他產業。

以色列也有許多由隨機應變產生的問題解決方式，最終演變成其他產業產品的例子，這些發明大多來自軍中。例如 Given Imaging 生技公司就是專門製造和腸胃疾病診斷相關的產品，這些產品能夠拍攝疾病的圖片，進而協助檢測。基本上就是膠囊大小的相機，稱為「膠囊相機」（PillCams），病人很容易就可以吞下去，接著便能拍攝腸胃道的影像，這項發明現在已經在全球超過六十個國家銷售。但讓人驚嘆的不是這間公司的成功，而是其起源，膠囊相機的想法來自蓋比・伊丹（Gabi Iddan）博士在拉菲爾先進防禦系統公司（Rafael Advanced Defense Systems）飛彈部門工作的經驗，該公司是以色列著名的軍事科技公司，專門為IDF打造武器，並發展軍事和國防科技，同時也出口至國外。這個微型醫療產品的點子出現時，伊丹博士正好在研究飛彈科技。

另一個例子則是Zeekit，這是一個購物應用程式，可以讓顧客在線上試穿時尚衣著，該公司的共同創辦人是三十二歲的葉兒・薇澤（Yael Vizel），她是史上第一名職掌以色列空軍通信訓練課程的女性，同時也是地面和空中通訊的組員。

這項功能是如何運作的呢？先是利用複雜的深度影像處理來繪製顧客的「身體地圖」，這樣就能讓顧客清楚看到某個服飾或配件穿戴在自己身上的樣子。這個點子也是薇澤在軍中想出來的，當時為了執行空軍的情蒐任務，薇澤和團隊開發了一套系統，可以將平面的照片轉換成立體的圖像，以供軍事行動使用。

類似的創意在以色列非常普遍，因而必須設立各式組織來支持這樣的創意。最早在一九九三年，拉菲爾先進防禦系統公司就已和艾爾隆電子公司（Elron Electronic Insutries）合作，該公司是以色列高科技產業的先驅，創立了拉菲爾發展公司（Rafael Development Corporation），專營技術轉移。事實證明這次合作相當成功，孕育了無數新發明，遍及各人領域，包括醫學、公衛、航空、通訊等。

目前以色列共擁有十七間技術轉移公司，和國內著名的大學、研究機構、醫院等緊密合作。而民間、學界、軍方間的合作也已超越單純的科技發明，例如前述 Given Imaging 生技公司的案例，就已涉及跨領域的方法、理論、溝通及思考方式等。能夠將飛彈科技應用至醫療領域，或是其他各種領域，實在讓人非常讚嘆，而以色列的跨科際思考，也讓國內的企業界、民間、軍方，能夠擁有想像某樣東西，以完全不同的方式，在其他脈絡中應用，將會是什麼光景，這樣的能力。

第五階段
更新

本書一開頭提到以色列的孩子是在垃圾堆裡面玩遊戲的。接下來的篇章我們見證了以色列這個國家的成長，跟隨著它的童年、青少年時期，一路直到它進入軍中服役。

這些過程可以幫助我們明白一個新創企業是如何從發見、探索新點子的起始階段，經歷了找出解決方法、找到市場的階段，最後成為一個有效率、規模夠大的企業組織。

無論是剛退伍的年輕人，還是已經站穩腳步的企業，兩者同樣需要更多成長的空間，也需要更多新的、可以探索的領域。

可是等他們好不容易精通了各種技能，又發現自己所處的環境已經改變了，因此他們必須重新改造自己。但此刻的他們，手上已掌握著各種可以使用的資源——他們所處的人脈網絡，以及專業領域內精通的技能（某個專業領域內的技能，有時只要加上一點創意，就可以變成其他領域內的專業技能）。他們擁有了軟實力和硬實力可以進一步開拓疆域，擴展境界。

重新改造自己，絕對不是一件容易的事。但無論是組織還是個人，一定要持續樂觀，且對自己的能力懷抱信心，這樣才能迎向新挑戰，踏出舒適圈與例行事務，向外探索新的疆界。「長期持續拿出績優表現的人」與其他「短暫登峰又摔下去的人」之間最大的差異，就在於前者始終擁有探索、挑戰、冒險的態度。

第十五章 手腕和人脈

每次我面試新員工，或是為了投資而去評估一家新創企業的創始團隊，我問的問題通常會讓對方很驚訝。他們以往習慣被問一些特定的問題：工作經驗、過去職位、有過什麼成就或其他可評量他們的標準。然而，我跟他們討論的是完全不同的事情，我想瞭解的是他們的軟實力。所以我問的問題會更巧妙一點，會針對他們過去參與過的事情進行討論，讓他們自己說出事情的過程，而非只是客觀冰冷地報告事實。所以我不會問對方過去擔任什麼「職位」，我會問：「你在上一份工作扮演什麼樣的角色？」他們對自我角色的描述能夠讓我很清楚地知道他們如何看待自己。

所以，我聽到的答案不是「我是公司的財務長」，我可能聽到的是「我比較像是公司的守門員」。然後我就會像個孩子一樣好奇地問：「為什麼這麼說呢？」這時更有深度的答案會慢慢跑出來。「因為執行長負責冒險衝鋒陷陣，而我就是那個拉住他不讓他衝過頭的人。」嗯……這個說法讓我知道在對方的觀念裡，財務長的重責大任就是要制衡執行長。或者對方也可能說：「因為無論在任何公司，財務長都必須擔任守門員的角色，這是他們必須承擔的責任。」如果這樣說，我就可以知道對方其實是在假設財務長應有什麼職責。這些人的思維是否夠靈活、能讓自己跳脫不必要的假設呢？這類問題的回答其實比一般的衡量標準更能預測一個人未來在公司是否能成功。

現在所有的公司機構都越來越認同這點。如今軟實力越來越受到重視；世界經濟論壇的《未來工作》報告指出，「現今的就業市場和搶手技能和十年前、甚至五年前已有很大的不同，而且改變的腳步只會越來越快。」[1]事實上，「大多職業需要的核心技能當中，有超過三分之一的能力到如今還未受重視，像是說服力、情緒管理能力以及教練、指導的能力，但這些能力未來在各產業都會更為搶手，寫程式和設備操作控制這類特定的技術性能力將不再專美於前。」如今這已經成為事實，再也不是預測。

當然，我的意思不是說專業技能不重要，如果你今天想在科技業工作，你還是要有一定的數學知識和寫程式的經驗。然而，只有特定的專業技能，或者說你的技能只能用在非常特定的領域，這種條件現在已經不吃香了。所以盡量不要只有一項只能用在某個工作上的技能，你還需要能夠讓你更快、更有效率學習不同技能的靈活頭腦，而且還要學著有創意地使用學到的技能。就某種程度來說，我們已經從過去不斷重複特定任務的工作機器人演化成能執行各種任務的高智能電腦系統。

建立人脈

還記得我曾在一家以色列新創企業 Modu 工作嗎？就是那家雖有雄心壯志但突然失敗的新創公司？Modu 是由成功的連續創業家達夫．莫蘭創立，他的經驗和人脈原本都集中在快閃記憶體的領域，然而他創立的 Modu 卻屬於電信產業。達夫曾是以色列海軍的工程師，初創 Modu 時雇用了兩個關鍵人物：科技長和研發部門的副總裁。因為他知道自己在電信產業沒什麼人脈，所以他刻意雇用了兩個在電信領域有廣大人脈網的主管。巧的是，這兩人也都曾在八二○○情報部隊服役，八二○○部隊可說是這個國家大多數電信研發人才的來源。於是達夫的策略奏效了，短短幾個月內，Modu 就請到將近一百位軟體和硬體工程師及專家，而且他們很多人原本就認識，還曾經一起在軍中服役，所以一進公司就能迅速進入狀況，有很高的工作成效。就這樣，達夫自己的人脈加上他的科技長和研發副總裁的人脈，再加上一群合作無間的員工，迅速組成了以色列企業有史以來最強團隊。

雖然 Modu 這家企業後來失敗了，但它造就了一張新的人脈網，這張人脈網上的成員在 Modu 倒閉九年後，無論身在國內還是已經在國外生活，都仍十分活躍。這些前員工至今又創立了幾十間公司，創造出數億美元的產值。我最近一次和達夫見面是在某個星期五，他過去三十年來都習慣在星期五早上安排至少五場會面，而且見的人、談的事都和他的事業沒有直接相關。所以我們現在可以簡單算一下：三十年、每週五早上平均五場會面、每年至少有三十個星期都是這樣安排，算下來達夫會面的人已經快達到五千人，而且這些週五的會面後來也很有系統地發展出一張張人脈網。達夫自己也有機會認識有趣的人，他告訴我：「我很期待週五早上，我喜歡認識處在不同人生階段的朋友，這些人正參與各式各樣的活動或新創計劃，我喜歡他們跟我分享他們的想法或來找我給些建議。」[2] 達夫安排這些會面，給予許多人建議和協助，但從不拿取分毫回報，即使有人拿著錢和股份來酬謝他也不收。他笑著說：「這些會面其實對我自己也很有幫助。如果我收取酬勞，這些會面就會變得不太一樣，觀感也不會那麼好，好像我是為了錢才一直這麼做。但如果我不收酬勞，事情就變得很單純——他們受益、我也受益，這就是美好人生方程式。」

身為一個和達夫密切合作過的人，我可以作證他的理念真的是「以人為優先」，這是Modu的核心價值，對他來說更是終生信念。

本書中提到的其他故事都一再發現：合作能培育出創意。以色列人很少單打獨鬥，他們從小時候就開始建立廣大的人脈，他們所認識的人對他們是否能產生創新想法至關重要。同樣重要的是，當他們想要把一個創新的點子變成一間成功的企業，就要看他們的人脈網擁有什麼樣的價值。一個人的人脈決定他能多快找到投資人、合夥人、吸引人才、獲得所需資源等等。許多新創事業因為尚未擁有任何輝煌成就，所以很難找到人背書或贊助，但如果你擁有好的人脈，這些就不是問題。以色列人非常幸運，因為無論是私人、政府、教育機關還是企業全都有志一同，協力打造出廣大的人脈網，協助年輕和資深的創業家在創業領域裡更進一步穩固並擴展人脈。

本書前面的章節裡我有談到以色列國防軍的退伍軍人社群。這類社群催生出像八二〇〇新創加速中心（EISP）這類計劃。八二〇〇新創加速中心協助初次創業且處於創業初期的正統猶太教徒能夠順利進入以色列的高科技領域。另一個專門協助處於起步階段新創企業的計劃叫做Hybrid，該計劃由在以色列的阿拉伯、德魯茲和貝都因企業家主導，目標是幫助在以色列同屬少數族群的創業家加速創業並拓展人脈。還有一些由學術界發起的計畫，像是魏茨曼科學研究學院的學生創業家社團（WISe）就常請畢業學長姐回來分享創辦和發展新創公司所需的知識和能力。

但以色列人建立人脈並非總是藉由刻意的安排或計劃，大多時候是自然而然地發展自己的人脈。以色列人有很多機會結交朋友，像是在學校、在青年組織、在軍中、在海外旅行等等都能認識很多人。他們的社交能力是沒有極限的，而且他們隨時願意為了幫助他人而分享自己的人脈。你不需要等到跟某人有深厚交情才能跟對方要他認識的人的聯絡資料、進入對方的社交圈、或是請對方幫忙，以色列人非常樂意把任何他們認識的人介紹給你。

因為所有人都非常依賴人脈，所以以色列人很積極參與各種社交圈，努力拓展人脈。參與社交圈並不一定只為了維持和他人的友誼（本來無論如何都會交到朋友），而是要盡可能認識越多人越好，而且還要獲得他人的聯絡方式，不管你私下跟他有無交情（但很有可能很快就有機會建立交情了）。

以色列人的人脈通常是建立在共同經驗的強大基礎上。以軍中同袍為例，以色列人在軍中服役時建立的情誼非常深厚，深厚到這段友誼能夠維持恆久遠，即使後來沒有時常聯絡，情誼仍舊不會淡去。在以色列，你認識的每個人之間似乎都可以產生聯繫，例如兩個原本完全不認識的人可能會發現他們曾經在曼谷住過同一間青年旅館，或是在軍中服役時都曾在黑門山渡過冷冽寒冬，或者參加過同一個青年組織，或者曾住在同一條街上。有了這些共同的經驗，兩人之間就可以形成強大的連結，不用去管什麼死板的社交禮儀或原則。我這樣講並不是說以色列人因為自己很會交朋友，就不會參加為了拓展人脈而辦的社交聚會或不願使用世界各地創業家用來拓展人脈的方法。我的重點是：以色列人自己有很獨特的一套方法來建立和運用人脈。

人與人之間零距離

以色列人之所以非常容易和他人建立連結，還有一個原因，就是他們不只在網路上有很強大的連結（其實世界上很多地方的人也都藉由網路緊密連結），他們在現實生活裡，人與人之間也幾乎沒有距離。我每次在特拉維夫的羅斯柴爾德大道上，如果是要去赴約，我都會提早出發，因為光是走一條短短的路，就得停下來好幾次跟好幾個熟面孔打招呼，這些熟面孔可能是投資人、新創企業家、企業主管或是我小時候的朋友。

以色列人排隊也很特別，他們排隊不是排成一條直線，而是聚成一團，大家都會利用這個機會和別人聊天；在人擠人的餐廳裡，可能會有陌生人突然加入你和朋友的談話；你在以色列等候看診時，可能旁邊的人會突然問你一些不恰當的私人問題（以某些人的標準來說是不恰當的）；或者光是在路上跟你擦肩而過的人都能找到話題跟你聊，例如把你攔下來跟你說你的小孩衣服應該要穿厚一點，然後又突然提議既然家裡的孩子同年紀，那明天要不要一起去公園玩呢。如果你要到某間公司開會，而那棟大樓裡又有很多投資人、跨國企業和科技公司，那你在搭電梯的時候很有可能會被問：「你來跟誰開會？」等你回答以後，對方可能會建議你：「我覺得你可以去認識某某人，我覺得他會是更好的投資人。」

以色列人在現實生活中也如此靠近，這樣的緊密連結滿足了人類天生對社交互動的需求，在幅員廣大、人與人之間較少實際接觸的國家裡，這種對社交的需求常常被忽視。但這已經成為以色列人的生活方式，所以以色人即使身在國外，也還是會用各式各樣的方式與他人密切互動。

第十六章

對世界保持心胸開闊

以色列這一介小國位在衝突不斷的中東地區，簡直是在巨人間遊走。這小國不論在國內政治或是地緣政治上都被孤立，周圍的鄰國也不願與其建立互惠的經濟或政治關係。儘管如此，以色列卻在短短七十年的歷史中，成功發展成今天國貿世界中的關鍵角色。以色列之所以能有這般成就，一個很重要的原因是以色列人對於對體驗外地生活有相當強烈的慾望。

以色列人經常出國，出國幾乎也都是久留。光是二〇一五年，就有二十八萬五千名以色列人在國外待上一至三個月，有二十五萬四千名以色列人在國外待上三至十二個月。該年出國的以色列公民共有三百一十萬人，其中有一百二十萬人出國不只一次。根據以色列政府的紀錄，該年的出境共為五百九十萬人次，而且不是只有年輕人出國。出國者的年齡中位數是四十歲，也就是說，年輕人和老人都感染了出國病。二〇一五年以色列人口為八百三十八萬人，代表每年有百分之三十七的以色列人會在國外待上一陣子。相較之下，美國人口為三億兩千一百四十萬，二〇一五年出國人數為七千三百萬，出國人口比例低於百分之二十三。

根據聯合國統計司，長期移居他國的定義為「搬離原居住國，在他國居住至少一年的人」。[1]而根據以色列中央人口局的數字，二〇〇九年移居國外的以色列人口數介於五十四萬兩千至五十七萬兩千人之間。推測以色列移居國外的人數仍持續增加，也是合理。

移民在很多國家都是敏感的政治議題，不是只有以色列人才會面臨。以色列的移民人口雖然遠不及敘利亞的難民數或者法國的移民數（光是在蒙特婁登記的法國公民就有將近七萬人），不過以色列人口數本來就小，所以重點在於，雖然以色列人要長遠移民國外，會遭到社會壓力，但以色列人確實是喜歡追求國外生活經驗。

以色列人的壯遊

以色列國際機場最常見的景象就是一群年輕背包客，帶著沈重的行囊以及充滿夢想的眼神在報到處排隊，準備前往南美、印度或中國。等候登機的時間，這些人難掩興奮之情，不願枕著背包先小憩一下，因為到了國外，隨地小憩的機會多得是。要不了多久，他們就會現身在異國公車站等好幾個小時的公車，可能才剛在尼泊爾辛苦地爬完山，飢腸轆轆但心情愉悅，曬了身健康膚色而感覺暢快。

以色列的青年男女服完兵役後會出國待上一陣子，目的地通常是遠東或南美，他們會在這些地方旅遊，體驗文化，欣賞當地景色，還會認識其他旅客。這就是以色列人的壯遊。巴伊蘭大學（Bar Ilan University）心理學系的舒姆爾·舒爾曼（Shmuel Shulman）博士蒐集了以色列人壯遊的相關數據，發現壯遊時間從兩個月到一年不等。舒爾曼提到：「雖然有些目的地是『必訪』景點，這些年輕人的行程其實很有彈性，可能會在某地待上好一段時間，為期是數週至好幾個月。旅程中不僅會造訪異國風情的景點，也會大膽從事探險活動，例如攀登嚴峻的高山或是高空彈跳。」[2]百分之五十二的以色列背包客會到亞洲探險，百分之十五到南美，百分之十二到中美洲，百分之十一到非洲，百分之八到紐奧，只有百分之二的人會去歐美國家。

以色列人壯遊的平均花費為三萬至五萬新謝克爾（約為八千五至一萬四千美金）。年輕人會花一整年的時間工作來籌措盤纏，這一年的工作通常是服務業（最常見的是餐廳服務生），接著就出發當背包客，把賺來的錢花光。有些人可能覺得這樣很恐怖，但其實這些年輕人就只是在探索世界和經濟穩定之間選擇了前者。

舒爾曼也提到，壯遊給了以色列年輕人在家鄉得不到的經驗：「離鄉背井，遠離家人和自己的文化，體驗陌生的時空背景。」年輕的以色列人可以在全新的環境中評估自己的能力、優缺點、興趣、弱點以及限制。「從這個角度來看，壯遊是自我檢視、能力練習、個人成長的場域。此外，距離也許可以幫助年輕人對自己的社群有不同的想法以及更全面的瞭解，這樣他便可以從全新的角度、更個人化的角度回歸自己的社群。」

很多文化會用「遊子」來形容壯遊者，你心中的遊子印象可能是隻身的旅人，但以色列的遊子比較像是集體行動的遊牧民族，也可能是在行經某些點的時候自然聚在一起。有些地點甚至已經成為以色列人公認的聚集處。以色列人認為「隻身一人在遙遠的海島當背包客」沒什麼好說嘴，反而是「與在港口認識的其他以色列人一起當背包客」比較值得驕傲。

壯遊是以色列人特有的成年禮。一個群體的傳統成年禮通常由長老制定規範禮儀，以色列青年人的壯遊則是由同儕發起並互相協助。話雖如此，以色列的青年壯遊確實有些傳統成年禮的特質：長時間與家人、社群分離，艱難的環境，這些可以豐富個人閱歷的體驗，提升自我的意識。

這些青年人回國後通常會展開下一個階段的新挑戰，例如求學、搬離原生家庭，或是展開一段認真的感情。夏蘭中心（Shalem Center）的一項研究中，有超過一半的受訪者認定壯遊是影響學業選擇的重要體驗。該研究的五百名受訪者年齡介於二十一至三十五歲之間，其中百分之六十三點二的受訪者壯遊後繼續求學攻讀碩士學位，甚至有些人攻讀博士。有百分之四十六的受訪者是在壯遊時或是歸國後沒多久做了進修的相關決定，百分之十三的受訪者因為壯遊而使原先的求學計畫大轉彎。其中一名受訪者莫蘭・德克爾（Moran Dekel）目前正在耶路撒冷希伯來大學攻讀商管以及東亞研究，她認為自己是前往中國壯遊，體驗了當地的語言和文化之後，才對東亞研究產生了興趣。

壯遊不僅對旅行者個人有益，有些人還發現這項傳統對社會也有所貢獻。

吉利・柯恩（Gili Cohen）在特種部隊服完八年勤之後，偕同妻子一起遠赴泰國，一歲半的小孩則和岳母待在以色列。柯恩回到以色列後，提到他對泰國印象最深的就是某個週五晚上，共有一千三百五十名以色列人齊聚在一個正統猶太教的會堂裡，歡聲敬拜。

柯恩發現，可以善加利用這個群體的力量，這是向世界呈現以色列真實面貌的好機會。在與《耶路撒冷郵報》的專訪中，柯恩想起他曾經告訴妻子，許多組織，例如無國界醫生，會派遣醫療人員出國助人，而以色列國防軍有大批退役後出國的退伍軍人，不但可以在當地行善，也可以藉此對以色列有所回饋。於是柯恩回到以色列後便展開了他的行善計畫。[3]

柯恩和以色列國防軍的兩名同袍耶爾・阿提斯（Yair Atias）以及波阿斯・馬基艾利（Boaz Malkieli）決定整合遠赴世界貧窮地區壯遊的大批以色列人的力量。他們打算「把背包客變成一種資源，藉此從事『藍白人道工作』。」（按，代表以色列的顏色）柯恩在訪問中說，「我們想做些不一樣的事——不一樣的以色列新創企業。」這三名好友創了一個臉書專頁叫做「生命鬥士」，然後展開旅遊計畫，他們去的地方不是秘魯的利馬或加德滿都這類旅遊聖地，而是在途中選定一個國家待上幾週，擔任志工。他們先發了一篇文，表示想要組成一個到印度的代表團，邀請有意者加入。三天內就有十五個人加入，一週後已有四十五個人報名。

今天「生命鬥士」的臉書專頁已經有超過一萬一千名追蹤者，有五百五十個申請者想要爭取三十五名印度志工代表團的名額。志工團隊一抵達目的城市，不論是孟買、布宜諾斯艾利斯或墨西哥市，幾乎都會到偏鄉學校服務，在學校教英文、數學、科學，也教跳舞、個人衛生教育以及以色列格鬥術（Krav Maga）。

這項計畫的特別之處在於，「生命鬥士」並不會產生太大的開銷，因為這些年輕人本來就已經買好自己的出國機票了，「生命鬥士」只要負擔兩週半的食宿即可。也就是說，派三十五名以色列熱血青年志工至孟買窮鄉僻壤服務的費用，總計可能只需要一萬一千元美金。目前，該組織一年派出十個人道服務團隊到阿根廷、瓜地馬拉、秘魯、加德滿都、孟買、烏干達等地，幫助超過四千名孩童。

若問以色列年輕人壯遊的目的和期待，他們給的答案通常會類似以下：想要體驗完全的自由，除了自己以外不需要對任何人負責。他們會預先計畫的只有如何買機票出國，此外沒有固定的計畫或路線。二十出頭歲的以色列年輕人讀了十年的書，又花了好幾年在軍中服役，壯遊是他們的自由初體驗。

然而壯遊中很重要的一部分是體能與心智挑戰。其中「跋山涉水」是所有壯遊者的必經體驗。「跋山涉水」之行可以為期幾天，也可以長達數週。壯遊者通常會到海拔超高的山徑或是狹窄的登山步道，來場辛苦危險的登山之旅。知名的登山點有尼泊爾的安納布爾納環線（Annapurna Circuit trek）和藍塘（Langtang）戈薩伊窟答（Gosaikunda）區、秘魯馬丘比丘的印加古道，還有智利的百內國家公園步道（Torres del Paine trek）——挑戰最險峻的路徑，或者是租了摩托車（通常都沒有駕照）在陌生國度馳騁。這些活動都是極限與冒險體驗的一部分。

這些年輕以色列旅人才剛退伍，剛從艱苦的體能和心智訓練解脫，到底為什麼還想要追求這種累人的體驗呢？要了解他們的動機，必須先解釋希伯來文davka的意義。希伯來文時常一詞多義，這個字也有兩個意思。你可以用它來形容故意失禮、不體貼、不考慮別人、討人厭的行為。舉例來說，在猶太安息日開車經過寧靜社區時，車內若播放著電台音樂，通常會把車窗關上。車窗搖下來讓音樂轟聲作響就是davka的行為。而這個字，如果指涉的是某個人，那就沒有失禮或傷人的含意。若某個人做了件事，而其他人不理解他為何要這樣做，原因只有他本人清楚的話，此時也是用 davka 來說明。例如有人明知危險還是要爬聖母峰，有人明知心臟不好還是要跑馬拉松。Davka 是為了體驗與感受而從事某件事情，是希望自己完成後可以說：「我做到了！」

年輕以色列旅人把自己放在這樣的異國環境之中，就是 davka 的表現，他們追求的是克服、戰勝困難挑戰後的成就感。讓我們回想一下，用廢棄物打造而成的遊樂場中，學步的小娃兒天不怕地不怕地挑戰身體極限，然後把這種勇敢之舉放大，變成尋求刺激的成年人。先不論以色列人是否故意追求這種刺激，他們必須要足智多謀才能克服這樣的環境，也因為這樣，所以他們能夠從中獲得成就感。外人來看可能難以理解，但是從事高挑戰或是危險行為的人心裡卻是非常清楚自己的動機。

有些壯遊歸國的以色列人說，自己有種「受到啟發」的感覺，回到以色列後常會對人生、志向以及自己的能力、想要的生活方式、自己的文化與國家的行事作風等有了全新的體悟。套一句壯遊海歸客的話：「壯遊開拓了我的眼界。」

世界真是小小小

我退伍後到上大學之前，有三個月的空檔。我和在八二〇〇部隊認識的朋友愛娜決定到墨西哥旅遊六週，就只有我倆。我們替這趟旅程規劃了幾個目的地，一場有趣的探險就此展開——途中臨時更換了幾個目的地。有次走進墨西哥偏鄉的小青年旅館，聽見比我們早來的以色列人用希伯來語喊道：「妳們好呀。」這種經驗，很多出國壯遊的以色列人也經歷過。

我和愛娜（還有其他壯遊的以色列人）在出發前都告訴自己，一定要盡可能遠離舒適圈，但每每在冷門地點聽見熟悉的語言喊出「你好」，總是令人倍感親切。我們總想親近其他以色列人，因為他們值得信賴，也帶給離家千里的我們家的感覺。這趟墨西哥之旅中，令我最不愉快的回憶就是待在一個叫做希伯萊特灘（Playa Zipolite）的孤島上的時候，我得了腸胃型流感，整整三天都無法進食，只能躺在床墊上發燒、腹痛。愛娜負責照顧我，但照顧我的還不只愛娜。海灘上還有另外一群以色列人，我們不認識他們，但他們聽到愛娜跟民宿主人說我生病的事，馬上主動來幫忙，輪流坐在我身邊，一秒都不讓我落單。

雖然以色列背包客常說要去一個沒有以色列遊客的地方，但到頭來以色列人還是很常在路途中遇見彼此。以色列旅人的行程都很相似，我們常發現自己身邊圍繞著許多其他以色列人，或是會積極想要找到其他以色列人，也花很多時間和自己人泡在一起。我們下榻的地方，先前已有上千個以色列人待過；我們去的餐廳，要嘛就是以色列人開的，要嘛就是客人幾乎都是以色列背包客，供應道地以色列食物，甚至有希伯來文菜單。最後我們還會到以色列大使館或領事館來聯繫家人，從那裡收發來自以色列的信件、包裹以及報紙。

回到家鄉後，我們會鼓勵其他以色列人踏上相同的探險旅程，發現新大陸之外，也走走前人走過的路。以色列人認為見過世面，尤其是開發中國家的世面，是一種社會資本。有相同經歷的人會聚在一起。認識新朋友的時候，以色列人會與新朋友分享自己的生活以及對未來的規劃，也會問問對方是否去過某個地方，是否踏過某條步道。

身在他鄉的以色列企業家

以色列人出國不只為了壯遊（或微旅行），也為了求學或求得工作上進一步的發展。離鄉背井尋求專業發展的以色列人和壯遊的以色列人一樣，都依賴以色列人同鄉。以色列國民不會因為離開國境就失去他們花了大半輩子建立起的社群以及人脈。身處異鄉的以色列人反而更能加強彼此之間的關係並拓展人脈，善用人際關係的力量。

舉以色列合作網絡（Israel Collaboration Network，ICON）為例，這是一個位於矽谷的非營利組織，旨在整合以色列企業家和美國投資者、高層人士以及具有影響力的業界人士，主要的服務對象是想在矽谷募資或經商的以色列人，幫助他們與當地社群建立關係。他們透過指導手冊、小組聚會和鼓勵會員互動與合作的平台等方式提供資訊、協助以及建議——組織會員多為以色列科技公司創辦人、矽谷科技社群以及領導者。

以色列合作網絡的幕後推手是優異的女性企業家亞斯敏．盧卡茲（Yasmin Lukatz），也是該組織執行長。她出身空軍，退伍後展開了個人的職業生涯，起初在特拉維夫港擔任活動企劃，後來在特拉維夫大學拿到了會計、經濟、法律學位，接著又在史丹佛大學拿到了工商管理碩士學位。畢業後她到安永會計師事務所工作，後來創立了以色列最大報《今日以色列》（Israel Hayom），擔任該報董事長。

盧卡茲與家人現居矽谷，但是她經常回以色列督導以色列合作網絡最著名的大計畫SV101——這是一個企業家的「新兵訓練中心」，幫助選定的十間新創公司創辦人強化進軍矽谷的關鍵技能。這個訓練中心有三個主要目標，希望能讓有意前進矽谷的創業家：獲得真正「矽谷觀點」的實質建議、更清楚瞭解矽谷運作方式，以及在矽谷建立專業的人才網以便能在矽谷卡好位。SV101計畫每年從數百位申請者當中選出十間新創公司，幫助他們打進矽谷業界。

單打獨鬥創業是大忌，尤其是在矽谷，盧卡茲說。「在以色列，企業家想要投資或是需要尋求建議時，會盡所能善用自己的人脈——好幾年沒有聯絡的軍中同袍、哥哥的大學室友，或是前女友的叔叔。但是以色列人到了矽谷可沒有軍中同袍也沒有前室友——要留下好的第一印象更是只有一次機會。這時以色列合作網絡就是很好的幫助：我們在這幾年中建立的人脈和關係，以及我們所學到的經驗，就是所有企業家需要的支持網絡以及安全網。在這裡，以色列人會感覺千里之外還有個家，在這裡，他們可以得到最真實，沒有『包裝』的建議，也能無條件取得他們需要的協助。」[4]

最強大的網絡與最厲害的公司，往往是由某個窮途末路，下定決心要處理某個問題的人所發起。達雅・亨寧・夏基德（Darya Henig Shaked）創設的女性企業家實踐組織（Women Entrepreneurs Act，WeAct）就是一例。

二〇一五年達雅搬到矽谷，隻身一人探索未知，但是她在矽谷當「異鄉人」的時間很短，她很快就結交了兩百多名以色列朋友，這些新朋友全是新創社群的一份子，她發現自己來到了企業家寶地。

達雅創業之前曾服役以色列國防軍發言部門，在那裡認識了以色列前總理埃胡德．巴拉克（Ehud Barak）。巴拉克當總理之後，夏基德成了他的顧問，後繼幾任總理也都延用她的長才。後來她結束了短暫的政壇生涯，前往巴伊蘭大學大學取得法學學位，任職於國際私人募股公司 Vital Capital 工作，這家公司的業務主力在南部非洲。二〇一五年，夏基德與同為科技業投資者的先生艾爾．夏基德（Eyal Shaked）搬到了矽谷。

達雅成為創業家，原因不是她天生對創業有興趣，而是因為她急欲解決手邊某個問題。達雅經常遇到一些以色列企業家（女性尤多），他們對於到海外創業感到不安。這點達雅可以感同身受。她知道要離開以色列資源豐富的人際網絡，打進截然不同的矽谷圈非常困難，對女性來說又更加辛苦，她們離開以色列更會成為小眾，因為性別不平等的問題一直都在。

為了幫助這些人，達雅在二〇一六年創立了女性企業家實踐組織，讓女性企業家在矽谷有個家，有個地方可以互動，可以形成社群。二〇一八年，搭雅又創了另一家創投公司，協助女性進入投資界，並且協助她們做出必要的轉變。這次是採取由上至下的策略。達雅現在有三個孩子，但她仍以矽谷數一數二女企業家的身份，持續努力突破現狀並克服性別藩籬。

二〇一六年十一月，女性企業家實踐組織首度進軍矽谷，總共帶了二十名頂尖的以色列女性創業者。女性企業家實踐組織是這些人背後強大的網絡：不但可以推薦新軟體、提供更多國際人脈和經驗，也可以協助解決文化以及性別偏見的問題、提供職涯輔導以及回答投資相關問題。達雅相信這樣的網絡是女性企業家實踐組織最強大的附加價值，這是她創業之初所未預見的。

達雅補充說道：「女性企業家實踐組織在以色列非常強大，不過我認為每個國家都應該要有這樣的組織。以色列的女性創業家多由帶職的母親撫養長大（因為以色列的現實環境就是如此）。我感覺女性主義者在以色列國防軍擔任很多不同的角色，位階幾乎都是官職。不論是否受過技術訓練，她們求學時選擇的是較冷門的主修，在專業領域職場中通常也都是『在場唯一的女性』。我相信我們的成長過程教會了我們要不論位階有話直說，也教會我們如何在艱難的環境中堅持到底。所以，以色列的文化要我們不斷變化，努力替所有人打造更好的環境，這種看待人生的方式頗具企業家精神。這種態度在人際網絡中會有加分的效果。」[5]

還有其他一些公私立的以色列科技業女性組織，也對達雅的女性企業家很有幫助。根據一份最近的研究，[6]只有百分之八的以色列新創公司是由女性領軍──和西方世界多數國家的比例差不多。確實，這個比例看起來很低，尤其是在以色列這個女性跟男性同胞一樣需要服兵役的國家。

二〇一九年二月，政府設立的以色列創新局（Israel Innovation Authority）董事會通過了一個特殊的獎勵計劃，提供女性領軍的企業在創業初期更多協助。這是降低性別偏見的一大步，也可以增加以色列新創生態中女性企業家的人數，創新局預計在兩年內把資助的女性企業家人數翻倍。

另一個以色列資源網絡強大的絕佳例證，是在紐約的許多家以色列新創公司，以及這些公司建立起的社群。蓋伊．富蘭克林（Guy Franklin）開發的紐約以色列新創地圖（Israeli Mapped in NY）率先點出了這個現象。

蓋伊青少年時就已經在思考入伍要做什麼了，他想要到以色列軍方廣播電台擔任播音員，但事與願違。後來他改變心意想要成為建築師，也失敗了。最後他在特拉維夫大學攻讀法律和會計，然後在安永聯合會計師事務所找到了工作，擔任新創公司的會計顧問。一直到二〇一二年被派至安永在紐約的總公司，蓋伊才發現一直以來最適合自己的工作其實是創業家。

蓋伊一面繼續擔任新創公司的顧問，對紐約的新創市場越來越熟悉，也認識越來越多以色列人。他發現在紐約的以色列人其實很多，於是出於好奇，開始替紐約市的以色列新創公司繪製地圖。

結果和他料想的一樣，這個市場充滿了以色列人。二〇一三年，蓋伊發現在紐約有超過一百間以色列新創公司，而且數量持續增加，幾年後達到了三百五十間，使以色列成為了紐約市最大的新創公司「出口國」。他看著地圖上的以色列公司持續擴散，這個重要的現象就於是圖像化了，但是還缺少了一個很重要的關鍵——連結。

很快地，蓋伊的地圖不只引起新創公司的注意，也引來了投資者、政府官員、人才、企業、媒體、服務供應商以及策展公司的關注。紐約的以色列人開始注意到彼此的存在，自然也就開始聯絡起來。沒過多久，整個新創生態就藉著這個平台發展了起來。

蓋伊現在是新創基地 SOSA NYC 的總經理，凡是公司行號、企業家或對這個領域有興趣的人都可以於此交流。他說，現在人有了，就要發揮眾人的力量。以色列合作網絡、女性企業家實踐組織以及紐約以色列新創地圖只是其中幾個例子，世界各地還有更多類似的網絡組織。這些組織的共通點是，他們都對以色列的科技和創新產業很有興趣，也都很願意「傳承」——幫助社群中其他成員有更好的發展。然而這種以色列社群成形的模式並不侷限於科技產業和企業界。提供以海外色列人彼此認識、交換資訊、建立網絡、互相幫助的組織，諸如各種機構、平台、線上社群、實體社群、育成基地等，沒有數十也有上百間，這些機構也可以幫助以色列人與國際接軌。

出國旅遊或移居異國的以色列人可以輕鬆快速找到在地工作法規、求職管道、認識商務界其他以色列人或外國人士管道等諸多相關資訊。和壯遊的以色列人一樣，在異國經商的以色列人也維持著以色列的生活方式：尋求幫助、建立緊密的社群，就算是離家千里也是一樣。

第十七章

船到橋頭自然直

過去三十年以色列的科技業蒸蒸日上，也帶動了以色列其他產業的成長。過去二十年間，以色列國內生產毛額中，出口佔比平均達到百分之三十六；同一段時間內，國內生產毛額的進口佔比平均為百分之三十五。納斯達克上市公司數，以色列位居世界第三（僅次於美國和中國）。二〇一七年，以色列國內的外國直接投資總額達到約一百九十億美元，創下歷史新高：從二〇一四年的六十七億美元到二〇一七可以有這樣的成長，實屬驚人。

在以色列做外國投資和國際貿易可說是相當便利。低關稅以及國內法規大環境的改善，對外貿的發展有推波助瀾的效果。以色列不斷改善經商相關的法規架構，讓市場更開放。以色列鼓勵採用國際規範（或是參考國際規範來制定新規範），近期也出現了統整以色列現行規範與國際規範的新議案。此外，以色列也主動遵守國際經濟社群中的某些標準。以色列建立了財政金融的宏觀經濟體系，以便符合馬斯垂克條約（Maastricht Treaty）以及華盛頓共識（Washington Consensus）的準則，另外也推行重要的貨幣改革，成功把以色列貨幣新謝克爾變成了可自由兌換的貨幣。

除了吸引外國投資者，以色列政府也希望外國人在以色列營運或投資，方法是提供獎助金，提供稅務優惠及減免，好讓境內的外國公司降低資本、研發與工資方面的壓力。以色列政府的這些努力，已經有了優良成效。

一九九八至二〇一二年間，以色列科技業的成長是國內生產毛額成長值的兩倍，平均每年成長百分之九。二〇一五年，營運中的新創公司有兩千三百五十五間，總計雇用超過兩萬〇六百名員工（比二〇一四年多了百分之三十五）。二〇一〇年至二〇一五年間開張的兩千七百五十五間公司中，有四百二十間公司（百分之十五）在二〇一五年倒閉。這個比例顯著低於全球平均。

根據美國勞動統計局（US Bureau of Labor Statistics）以及小型企業管理局（Small Business Administration），百分之三十三的公司會在創立最關鍵的頭兩年倒閉。雖然有百分之五十至六十的公司成功存活，但百分之三十三的失敗率還是很高。雖然美國的創業環境看似不怎麼樂觀，世界創業重鎮以色列每年新成立的公司，仍遠高於倒閉的公司。

二〇一〇年至二〇一四年間，以色列國內新公司的數量平均每年成長百分之四點四。然而，二〇一四年開始，新公司數量平均每年掉了百分之六。雖然從數據來看新公司的成立似乎是在走下坡，二〇一六年卻有更多人投入戰場——與二〇一五年相比增加了百分之七，以色列科技產業的員工薪資平均也提升了百分之六。

二〇一七年，以色列所有新創公司合計募到五十五億元的創投基金，比三年前高出了百分之五十。二〇一八年，以色列高科技公司的六百二十三個成交案件共募集到六十四億元，創下六年持續成長的巔峰。二〇一八年募到的資金總額比二〇一七年高了百分之十七，若與二〇一三年相比，足足高出百分之一百二十，相當驚人。

多虧了這些年來蒸蒸日上的科技產業，以色列的人均新創公司數在全世界僅次於矽谷。

相對於國家規模而言，以色列新創企業募到的資金將近美國的兩倍，也很早就超過了歐洲和中國，再度創下歷史紀錄。近年間以色列的外國投資者以及想要投資新公司的創投公司數都有大幅的成長。幾個比較成功的例子有破壞性創投公司（Disruptive VC）、TLV合作夥伴（TLV Partners）、83North以及阿列夫（Aleph）。以色列在研發上的投資也是世界的領頭羊，主要來源為私人投資而非政府投資。

國家經濟委員會（National Economic Council）前主席、前以色列總理經濟顧問、非營利組織新創之國中心（Start-Up Nation Central）現任執行長尤金・坎德爾（Eugene Kandel）相信，以色列經濟最大的競爭優勢就是替世界上越來越多元的問題提出創新科技解決方案的能力。坎德爾表示，有些問題，猶太人已經面臨了一百年，由於情勢所逼，許多傳統的解決方法並不適用，只能藉著不斷嘗試與犯錯來找出創新的解決方法，一步一步邁向成功，提供以色列公民水、食物以及健康醫療服務。

新創之國中心扮演的角色是提供以色列生態相關資訊以及個人聯繫管道給其他參與者。除了新創之國中心，政府和其他相關機構也努力做著同樣的事，建立連結、提供數據、制定相關的國家規範。我個人幾乎每天都會收到邀請，對訪問以色列的外國代表發表演講，這些外國代表包含國家元首、全球大企業頂尖高層、發展中國家的投資者、科技業的企業家以及商學生。他們都很想瞭解以色列科技業的生態，以及更重要的，他們可以從以色列的例子中學到些什麼。

完美並不存在

沒錯，以色列科技業的生態在許多方面都是世界各地新興創新基地的榜樣。但是以色列模式絕非完美無瑕。以色列模式的一大挑戰是人力資本缺乏多樣性（也有些人認為這個挑戰其實是機會）。

伊馬．塔爾哈米（Imad Telhami）出生於基督徒家庭，基督徒在伊斯非雅（Isfiya）的德魯茲族村莊是少數族群，在以色列也是少數族群，就連在整個中東地區也是少數族群。多虧了父親的世界觀，塔爾哈米發現身為少數其實是個優勢。塔爾哈米的父親因緣際會開始教書；他曾赴黎巴嫩學藥學，一九四八年以色列建國獨立戰爭爆發後，他便回到了德魯茲村。他發現村裡小孩受的教育不足，有些甚至根本沒有受教育，便下定決心此生要在村裡替年輕人上課，幫助他們步上正軌。老塔爾哈米教書是出於愛不是出於錢，若有學童家裡無法負擔書本或是校外教學的費用，老塔爾哈米會幫忙支付費用。老塔爾哈米絕不放棄，一定要把孩子教懂，也不會因為沒有錢就影響他幫助這些孩子的決心。塔爾哈米從父親身上學到的寶貴功課，就是只要有愛與絕對的信心，移山並非難事。父親總告訴他，錢會進來，但是不應該把賺錢當作人生的目標。

如果要以一句話來描述塔爾哈米的成長背景，那就是shalom。這個字可能是希伯來文中最廣為人知，最常被使用的一個詞（可以用來打招呼與道別），直譯為「平安」的意思。這是一個詞意豐富的希伯來詞彙，用來表示和諧的狀態，以及敵對雙方的互相接納——許多人可能會認為這是烏托邦的境界。但是對塔爾哈米來說，這單純是種生活方式。

有些人也許不懂，多數人做出的決定，少數人怎可能真心喜歡，沒有一點怨言呢，被壓迫的一方不都受了很多苦嗎？對塔爾哈米而言，跟隨父親的腳步，「平安」過生活的秘訣就是尊重、接受他人。在塔爾哈米的村莊中，根據德魯茲的習俗和傳統，男性穿短褲或是翹二郎腿很沒有禮貌。雖然塔爾哈米一家人不屬於這個文化，但是他們尊重這些規矩，也就是他們接受其他人的世界觀，不是出於貧困才接受多數人的遊戲規則，而是因為唯有適應環境才能與他人共存共榮。孩提時代，塔爾哈米經常需要接納、考慮到他人，他調整自己也是出於愛與尊重，一點也不感覺是犧牲。雖然這樣的童年可能很不容易，但是正因如此，塔爾哈米才能有今日的成就，成為企業領導者，也成為了把 shalom 應用在生活中的模範。

十八歲的時候，塔爾哈米想要當醫生，但在父親的建議之下，他到了以色列中心都市拉馬甘（Ramat Gan）的申卡爾學院（Shenkar College）攻讀工業工程與設計。每週一次，他會從熱鬧的以色列中心都市返鄉回到小村落。雖然塔爾哈米並沒有拿到畢業證書，他的學業表現仍相當出色，引起了阿默斯·本·古里昂（Amos Ben-Gurion，以色列國父之子）的注意，於是本古里昂邀請塔爾哈米到他的紡織工廠 ATA 上班。塔爾哈米的才華在 ATA 又再次被人發掘，這次他的伯樂是 Beged-Or 公司的老闆佑希·朗（Yossi Ron），一九八一年，朗邀請塔爾哈米到他們公司擔任廠長。塔爾哈米在這個新的工作崗位不怎麼受歡迎，公司內的猶太員工發起罷工，因為他們不想與阿拉伯裔的塔爾哈米共事。但是老闆佑希的立場相當堅定。至於塔爾哈米，也因幼時就養成了堅持、愛與尊重的個性，不到一年就成了公司最受歡迎的員工，甚至三年後要離職的時候，員工又再次罷工，這次是不希望他離開（不過兩次罷工都失敗了）。這種突破重重關卡打入企業界的經歷，教了塔爾哈米寶貴的一課：猶太人與阿拉伯人之間的衝突並非不變的事實，而是情勢導致的結果。人都是一樣的，他這麼想。「每個人都要呼吸、吃飯、都會笑、會哭，行為模式也都一樣，」塔爾哈米告訴我。[1]「我們都面對著相同的恐懼、難關以及生活的喜悅。但是如果沒有接觸，就很容易彼此互貼標籤，把每個人都放到黑箱子裡面，最後大家分崩離析，甚至互相仇恨。一旦我們能夠相互瞭解，就會發現我們其實都是人，一切就都明朗了。」他這樣解釋。

塔爾哈米的下一站是以色列自有品牌成衣製造行銷商德塔蓋里（Delta Galil），產品包含男女成衣與童裝，在全球有超過一萬名員工。塔爾哈米到職後，發現公司創辦人多夫・勞特曼（Dov Lautman）在營運上也都應用到類似的價值觀。塔爾哈米成為該公司第一位阿拉伯裔廠長。塔爾哈米之所以領導有方，也是因著他小時候學到的那套原則——愛與接納。任職於德塔蓋里的日子中，塔爾哈姆找到了接觸人最簡單的方法：不論是在歐洲、美國、中東或世界其他地方訪視工廠，他會想辦法找到大家都能理解的語言，這個語言叫做「動力」，而他說的動力絕對不是金錢。為了提倡合作與包容，塔爾哈米想出了一個標語「就愛與你共事」。他說：「每個人都理解愛的意義，所以愛是超越文化的語言。」這並不是要主管對員工示愛，這裡的愛是說，員工和主管都必須要體現同理心，就像阿拉伯語中的hanan，意思是「包含、容納」。塔爾哈米在德塔蓋里成功的秘訣在於，他會想辦法在員工的動力來源、員工重視的事物以及公司的需求和希望之間，找到一個平衡。

二〇〇七年，塔爾哈米在德塔蓋里服務屆滿二十五年，打算退休。他在思考退休方向的時候，發現了一個令人憂心的數據——以色列百分之八十二的阿拉伯女性是沒有工作的。他決定扛下這個責任，沒多久後便創立了巴布肯中心（Babcom Centers），希望這個中心可以協助求職，提供優質服務，讓使用者成功卓越、共存共榮。他也想把巴布肯中心打造成為以色列優質服務的領導品牌。塔爾哈米發現，要達成目標，這個中心首先要做到真正的兼容並蓄。於是他把各種不同文化、宗教的優點發揚光大，成功打造出一個可以服務所有人的公司。這種哲學變成了非常有力的經營模式，哈佛商學院現在甚至把這種模式做成個案研究，叫做「巴布肯模式：敞開的大門」（Babcom: Opening Doors）。

巴布肯中心雖然成功，塔爾哈米卻仍感覺自己距離共存共榮、兼容並蓄的夢想仍有一段距離。二〇一三年，塔爾哈米說：「我已經努力五年了，但是現在有哪些新興企業是因為我的努力才得以問世？有誰像我跟隨我父親的腳步一樣跟隨我的腳步呢？為什麼阿拉伯人佔了以色列人口的百分之二十，卻仍不屬於這個新創之國的一份子？」

為要解決這個問題，他先坐下來釐清問題：「五種深層的恐懼導致阿拉伯人無法成為偉大的企業家。」以色列猶太人在很小的時候就已經學會了克服這些恐懼，阿拉伯裔以色列人的教育卻是要他們讓步，這導致這些阿拉伯人不敢有偉大的夢想。在塔爾哈米看來，第一個恐懼是害怕失敗。以色列的阿拉伯人在封閉的小社群長大，在以色列又是飽受偏見之苦的少數人口，這使他們發展出一種發自內心的自卑感。如果失敗了，大家會怎麼看我？誰會嘲笑我嗎？他們不願冒失敗被羞辱的險。第二個恐懼來自政府。以色列政府讓阿拉伯人感覺自己無法取得創業協助，這點政府必須負責。第三個恐懼來自於銀行。銀行與政府一樣，給以色列阿拉伯人的利息、貸款、信用少之又少，也常要他們以房屋或土地做抵押，這對很多人來說很難負擔，尤其是阿拉伯人。

第四個恐懼是缺乏成功的先例。「以色列阿拉伯企業家的成功案例，一隻手就數得出來。」塔爾哈米說。缺乏經驗豐富的前輩以及振奮人心的成功案例不打緊，猶太人的巨大成就更是令阿拉伯人信心受挫。最後是對於建立人脈的恐懼。企業需要穩固的人脈來支持他們走下去，這點的重要性已經不在話下。

以色列阿拉伯人的企業人脈與專業人脈主要是在村落長老和學校校長。這種人脈也很有價值，但是與以色列猶太人的八二〇〇部隊退伍官兵網絡、矽谷人脈、大學的資源以及其他網絡相比，簡直是滄海一粟。

釐清了問題的癥結點之後，塔爾哈米就可以開始思考解決辦法了。他與契米・裴瑞茲（Chemi Peres）以及艾瑞爾・馬格利特（Erel Margalit）共同創辦了Takwin實驗室，努力消弭以色列阿拉伯人心裡的五種內在恐懼。除了提供財務上的協助，他們也提供以色列阿拉伯企業家建立人脈的機會、專業上的協助、取得科技的管道、指導以及策略諮詢服務。更重要的是，他們幫助這些阿拉伯企業家把夢想放大了十倍。「要有偉大的夢想，」塔爾哈米說。「夢想是一切的開端。」

以色列科技生態中，缺乏人力資本多樣性的挑戰，並不侷限於阿拉伯人。其他像是極端正統猶太教徒、女性，以及超過四十五歲的人口也都是弱勢團體——而他們都有各自的問題，成為弱勢團體根本的原因也有所不同。

然而，以色列科技產業的持續成長造成雇用專業技術人員的需求越來越大，同時還要與同業競爭資源，目前市場上的專業人才數明顯不足。現在，這個重要的挑戰反而變成了機會。以色列的當務之急是要釐清國內各種不同族群在創新上的潛在能力，如此才能創造更完整、更永續的經濟成長。因此，國家獎勵計劃以及各種企業獎勵計劃得以問世，希望從少數族裔當中尋找人才，維持經濟成長。

樂觀心態與創業家精神

媒體及業界專家都在尋找以色列科技產業生態如此出色非凡的原因。這也是本書的目標：破解以色列文化之所以能孕育出這麼多偉大企業家的關鍵。以色列興盛的創業精神文化並非僅見於企業界，而是存在於整個社會中。以色列人從幼兒時期一直到長大成人，都被鼓勵要大膽實驗，從失敗中學習；在心智上以及體能上勇於冒險；發展正面信念（或許有些人認為這是盲目的信念），相信船到橋頭自然直，用希伯來語說，就是：yiheye beseder。

這個片語背後的概念很複雜，有很多意義。就某一面來看，這個片語蘊含的核心概念就是典型以色列人所有特質的根本。要瞭解箇中意義，就需要深入瞭解以色列人的靈魂——以色列人的語言、歷史、社群以及行為。

就讓土生土長的以色列人契米．裴瑞茲帶我們一窺究竟。裴瑞茲的母親名叫索尼婭．裴瑞茲（Sonia Peres），父親則是以色列前總理希蒙．裴瑞茲（Shimon Peres）。契米曾服役以色列空軍擔任戰鬥機飛行員，後來成立的公司 Mofet 在以色列算是創投界鼻祖，他也因此成為以色列創投界最具聲望的人物，擔任以色列創投協會主席。後來他成立的 Pitango 也成了現今以色列最大的創投公司。

契米對於樂觀心態以及以色列在高科技產業的成就很有心得。他表示：「樂觀的關鍵就在於信念。必須相信事情一定會往某個方向發展。信念之外，樂觀也是一種工具、一種心態。樂觀可以用來提升動力，推動你往前，樂觀是企業家精神必備的元素。」[2]

但是樂觀不僅存在於企業家精神中。契米繼續說道：「我相信很多人抱持樂觀態度是因為悲觀無法使人成長；人一悲觀就什麼也做不了，但是樂觀可以成就大事。我父親以前常說，他從來沒聽過有悲觀的人可以發現新星。父親過世之前告訴我，歷史這幅圖畫其實比我們想像的要樂觀的多。」我們常常忽視了改變的契機，不論改變是好是壞。我們總是用現行標準來測量自己的幸福以及生活品質，卻忘記了短短的幾十年前，一切其實沒有現在這麼美好。

這也就是為什麼當我們在回顧過往的時候，才會忽然看見進步。「現在要取得什麼都比以前容易，也較負擔得起。我們今天有更多機會可以享受世界帶給我們的一切，不只是商品，還有教育、交通，以及醫療資源」。契米用伊波拉病毒來舉例：「我們用還算快的速度有效戰勝伊波拉病毒，這點很值得慶祝。」但是我們已經習慣醫療界總是可以很快戰勝多數複雜的疾病，就很容易視之為理所當然。如果我們可以少一點樂觀，好比對醫療界不要這麼有信心，那麼伊波拉的治療可能就會成為當代最偉大的醫學突破。但是，因為我們的樂觀，我們總會假設 yiheye beseder——船到橋頭自然直，所以才感覺依波拉只是又一個來去匆匆的病毒。

「有些創業家的樂觀來自於純粹的信念，你也可以說這是天真，而其他有些人倚靠的是快速熟悉市場需求的能力，對自己的產品、服務、資源以及能力可以客觀理性地分析的能力，以及風險評估的能力。」創業家必須同時具備信念以及務實精神，而信念通常是涉世未深的年輕人的特質。「當代最成功的創業家多為剛起步的年輕人，這是有原因的。例如創立微軟的比爾．蓋茲、創立蘋果的史蒂夫．賈伯斯，以及創立臉書的馬克．祖克柏。這幾個例子也充分顯示年輕人很願意犧牲自己的幸福來換取自己相信自己可以做到的事。」這是契米的結論。

樂觀有三種。第一種樂觀是源自內在的樂觀。這是一種自信，相信如果發生什麼事情，你會有辦法解決。第二種樂觀是信任別人的樂觀。契米解釋：「舉例來說，身為一名投資者，我的樂觀在於他人。我身邊的工作夥伴都是最頂尖的人物，我對他們的能力有完全的信心。企業界常見的樂觀，尤其是以色列企業界，是頭兩種樂觀的結合。最成功的企業家知道如何從別人身上找到他們需要的東西，對自己很有自覺，也深信同心之力可以斷金。」

但是yiheye beseder也和其他文化現象一樣存在著黑暗面，它也可以用來迴避批評、逃避難題、規避苦工。伊泰・希洛尼（Etay Shilony）博士在他的著作《以色列主義》（Israelism）抨擊以色列組織文化常對事情採取漫不經心的態度，未能考慮周全。希洛尼來認為yiheye beseder這種船到橋頭自然直的心態，代表以色列企業界以及政府中瀰漫的一種漫不經心，甚至充滿過失的文化。

契米說：「yiheye beseder代表的漫不經心態度，來自一種不正確的觀念。我們不能光講船到橋頭自然直，這樣不夠，我們還需要努力確保船會直。若相信可以不用努力，事情會把自己解決，那就太天真了。如果自己不努力，光是說船到橋頭自然直，那只是在安慰自己而已，在逃避責任而已。而逃避責任是很危險的，會帶來慘痛的後果。」因此可見yiheye beseder這個片語背後的概念相當複雜。不過若用這句話用來堅固信念，它就可以成為企業，甚至是國家強大的利器。

第三種樂觀結合了決心與堅持。舉以色列企業都會航太公司（Urban Aeronautics）執行長拉菲．約耶里（Rafi Yoeli）作為例子，他開發都會環境使用的飛行汽車，已經有二十年的時間，儘管困難重重，還是堅持到底。他的這項大計畫很難吸引到投資者與合作夥伴，這個科技感覺好像總是要突破不突破，要成功又不成功。實在很難想像約耶里這樣的人到底從哪裡生出源源不絕的樂觀態度。他的樂觀來自於決心，更多來自於自己是在完成大我的信念。就像契米的解釋一樣：「我父親的例子中，他的樂觀來自於他相信人類，來自於他相信自己在做的事情不是為了小我，而是為了往後的世世代代。」樂觀是一種生活方式。

以色列人的樂觀令人匪夷所思。身在這樣的政治環境中，照理以色列人應該要悲觀。契米認為以色列人天生的樂觀態度應該來自於以色列的生活條件。「父母在充滿危險的地區養育小孩。他們住在北部距離敘利亞、黎巴嫩、真主黨很近的地方，他們在加薩走廊外圍的飛彈射程內建立了城鎮，他們走在耶路撒冷長年有自殺炸彈客的街道上。但是他們還是堅持了下來。一方面來說，家是安穩之處，家中充滿著家人的溫暖和愛。另一面來說，我們也飽受外人看來可能難以忍受的現實壓迫。」裴瑞斯想要傳達的重點是，雖然環境相當危險，孩子們在家仍感覺安全，因為家是他們的父母一手打造的，家的根基不是恐懼，而是一種認為事情一定會好轉的希望與信念，也可以說是不管發生什麼事都能夠生存下來的希望與信念。

埃及的法老王我們都經歷過了，這點不算什麼

以色列人的樂觀與猶太人的歷史有很深的淵源。猶太人的歷史，就是在不間斷的迫害中生存下來，納粹大屠殺就是最駭人的例子。「船到橋頭自然直」這句話是以色列文化與猶太歷史的體現——猶太人是生存者。以色列名歌手梅爾・阿里爾（Meir Ariel）曾說：「法老我們都經歷過了，這點不算什麼。」也可以套句以色列節日中都會說的俏皮話：「他們想殺光我們，但我們贏了。開動吧。」契米解釋：「我們相信自己可以度過最困難、最危險的環境，這種觀念造就了我們的韌性與樂觀。」

猶太歷史還存在著另一面，契米的解釋是「認為猶太人是神的選民的信念。我們是特別又堅強的一群人，所以我們有責任要改善周圍的世界，要努力

『tikkun olam』，直譯就是『修補世界』。」這種宗教概念在今天被用來表示對社會正義的需要。我們在很年輕的時候就接受了這些價值觀。不像某些人盲目的樂觀，這種樂觀是世世代代的經驗以及強韌的生存故事的產物，是有意識的樂觀。

二〇一〇年一月，以色列總理希蒙．裴瑞茲在德國聯邦議院的致詞中說道，「修補世界」tikkun olam 是猶太人對大屠殺的回應，是為了改正錯誤，改善自身以及周遭環境而付出的努力。裴瑞茲總理的兒子契米則表示：「Tikkun olam 是企業活動的中心思想。要成為創業家，就需要找出可能出錯或是可能可以改善的地方。Yiheye beseder 也是對於事情不總盡人意的回應，是意識到即便當下情勢不妙，一切也會慢慢步上軌道。」

一九五〇年代開始，由於情勢所逼，以色列人想出了各種神奇的方法來應付國內的需求，但也願意向世界分享這些成果。為了發展以色列南部的沙漠，農業有了很多創新的突破，這些突破不僅影響了以色列的社會，更是影響了許多開發中國家，替他們提供食物來源、更好的農業技術以及更安全的食物保存方法。其中一個著名的例子是 Netafim 的滴灌以及微灌溉系統，這套系統很快就遍及了世界各個角落，有些新的型號還具有自體清潔的功能，也可以在不同的水質跟水壓下維持穩定的灌溉流量。

Tikkun olam 的概念也可以應用在健康照護上，透過顛覆式創新來改善世界各地的醫療環境。基文影像公司（Given Imaging）開發的 PillCam 技術是第一個消化道膠囊內視鏡技術，這項技術可能可以讓人們不再需要接受危險、侵入性的手術。還有用來治療多發性硬化的免疫調節藥物可舒鬆（Copaxone）。可舒鬆是以色列魏茨曼科學研究學院（Weizmann Institute of Science）的發明，它的發明徹底翻轉了整個相關領域。其他還有很多聽起來像科幻小說會出現的發明，例如可以幫助半身癱瘓病人站立、走路、爬樓梯的仿生器材「立可走」（ReWalk）。立可走目前已經獲得食品藥物管理局的認證。

以色列的創新發明也改變了全世界消費科技的方式：IBM 的第一架個人電腦中央處理器——英特爾 8088 型微處理機是在以色列設計的；新技術視窗作業系統（Windows NT）的操作系統幾乎都是以色列微軟開發的產品；奔騰 MMX（Pentium MMX）晶片科技是由英特爾在以色列的點設計的；北美上市的第一支 USB 隨身碟是以色列公司 M-Systems 的設計。

把科技從某個領域引進以造福另一個領域，也是運用 tikkun olam 的概念：智慧型手機全球定位系統地理導航程式「位智」（Waze）提供轉彎提示資訊以及使用者上傳的交通時間、路線細節，因此改變了所有人使用地圖的方式。以色列公司 Mobileye 視覺駕駛輔助系統會發出碰撞預防以及碰撞緩解的警示，並且為自駕車科技研發了 OrCam MyEye 裝置。OrCam MyEye 是小巧的人工視覺輔助裝置，可以幫助視覺障礙者理解文字，用聲音提示描述使用者看不見的東西，幫助使用者認出物品——真正成為盲人的眼。

還有更多例子，不勝枚舉。

所以說 yiheye beseder 這個概念有很多層意義，它源自於一整個族群的中心價值，代代相承。這個概念與歷史密不可分，卻又充滿前景：說出這個詞的同時，我們也在告訴自己和他人，雖然目前情況尚不明朗，未來一定會更好。Yiheye beseder 是從不同角度檢視當下的能力，是灌輸希望和安全感的能力，也是逐步規劃行動的能力。

正如契米所言，yiheye beseder 是推動風帆的風，給我們往前的動力，但是我們必須自己決定方向。沒有水手不需要風或指南針，企業家也需要動力。世界上有些企業家有動力沒方向，有的有方向沒動力，以色列企業家也不例外。最優秀的企業家則兩者兼具。

Yiheye beseder 是以色列文化的中心思想，也是企業家精神與態度的幕後推手。對以色列人來說，現在絕對不會是終點站，我們永遠有改變與成長的空間，而未來即便會面臨諸多挑戰，實際上卻有令人意想不到的大好前景。

那你呢？

字彙表

希伯來文中我最喜歡的創業精神相關詞彙

Balagan：混亂，見第二章〈亂七八糟的芭樂乾〉。想像在熙來攘往的街上，老太太對著公車司機大吼，小販政治高談闊論政治話題，科技業主管穿著牛仔褲和寬鬆的上衣，小孩在垃圾場玩耍，軍人回基地的途中停下來買炸鷹嘴豆餅。在這個高度緊張的環境之中，一切都好混亂。然而表象未必是真的，眼前雖然看來所有的事都沒有條理，但每一件事卻都很有效率地運作著。混亂的狀態中蘊含著無限的機會。

名詞：混亂，現代希伯來語中的外來語，源自俄語。形容詞：mevulgan。動詞：levalgen。

例句：他們治理公司的方式一團混亂。The way they're managing that company is complete balagan.

Chanich：學員，見第八章〈風險的管理〉。Chanich 的字根是 chanicha，意為「起始」。Chanich 指實習生、學徒等從做中學的人。

Chutzpah：虎之霸，見〈前言〉。粗魯無禮，愛管閒事。例如陌生人在購物中心對一名年輕媽媽說教，告訴她該怎麼穿衣服，怎麼餵小孩，怎麼教育小孩。

從比較正面的角度來看，虎之霸是為了達成目標，寧願直接了當，不求政治正確。這一詞由亞蘭文傳入意第緒語（Yiddish），再傳到現代希伯來語以及英語中。其負面含義可以用來形容冒失無禮的人事物；但是虎之霸也可以用來形容勇敢或大膽的人事物，尤其是在企業脈絡中。

二〇一八年十月二十五日，阿里巴巴創辦人馬雲在以色列創新中心（Israeli Innovation Center）開幕時表示，他先前造訪以色列時學到了兩件事：「創新與虎之霸——改變的勇氣。」

例句：敢簽這個約，需要很多虎之霸。It takes a lot of chutzpah to sign such a deal.

Combina：結合，見第三章〈玩火〉。Combina一詞來自英語的combination，意思是用非傳統或非正規的方法來達成目標或是解決問題。Combina很容易被誤以為是一種較輕微的不法行為，因為這種做法經常會規避體制中的正規管道或命令。但是combina並非不法，差別在於這個詞本身不帶負面詞義，而是一個受人歡迎的解決方案。

名詞：源自combination，為了行為人的利益而規避體制；非正規的解決方案。動詞：lecamben。例句：他們真的很會想辦法，成功省下了百分之五的費用。They managed to save 5 percent of the fees, what a combina.

Davka，莫名其妙，見第十六章〈對世界保持心胸開闊〉。做出不合常理，明知會惹人厭的 事情，原因只有行為人自己知道，旁人都是霧裡看花。舉例來說，週六開車經過宗教住宅區的時候，把音樂開得超大聲；或是針對某個想法或建議發表反對意見。又好比下雨還要出去跑步就很莫名其妙，但很好。

Davka 來自亞蘭文，常帶有反對或諷刺意味，用來表達某件事不如預期、造成不便時所產生的反彈感或惱怒感。

例句：你一定要這樣莫名其妙，把會議排在我最忙的那天嗎？Did you have to schedule this meeting davka on my busiest day?

Dugri：有話直說，見第十四章〈隨機應變及與時俱進〉。直言而不在意冒犯他人，不拐彎抹角。在對話中，如果說出這個字，代表講者接下來要說的內容是整段對話的重點，聽者要特別留意。這是現代希伯來語中的外來詞彙，源自土耳其語和阿拉伯語。這個字可以用來形容直白坦率的說話內容，常用在要說出忠言逆耳的話時。

例句：無意冒犯，但我真不知道開這個會到底是為了什麼。Dugri, I don't understand the purpose of this meeting.

Firgun：真心替他人感到開心，見〈謝辭〉。參與他人的快樂。想像你最好的朋友終於得到了夢幻工作。想像他打給你告訴你這個消息的那一瞬間，你也真心替他開心，感到驕傲。你也很享受這份喜悅，好好恭喜你的朋友，你知道他值得。這是以色列高科技企業界最愛的一個希伯來詞彙。

名詞：一種心理狀態，對他人的幸福或成就真心感到喜悅，能夠同樂，沒有嫉妒，也不覺得眼紅。動詞：lefargen，真心想要讓他人感覺愉快，不能與單純的稱讚混為一談。

例句：丹尼爾昨天聽到我升職的消息，是真心替我感到開心。Daniel really firgen me yesterday when I told him about my promotion.

Iltur：隨機應變，參見第十四章〈隨機應變及與時俱進〉。英語直譯為「即興」；希伯來語的字面意義為「即刻」，也就是針對問題的最速有效解。以色列人從小就開始學習隨機應變。資源有限就需要隨機應變，也就是說，這個能力若運用得宜就可以變成關鍵的生存技能。依賴資源還不如靈巧變通。

名詞：原出自《密西拿》（Mishna），後成為軍隊常用俗語，並由此被引進現代希伯來語。直譯就是「即興」、「即刻」的意思，也就是隨機應變想出辦法解決問題。動詞：le'alter。形容詞：me'ultar。

例句：不要擔心帶子斷掉的事，我馬上隨機應變替你變出條新的。Don't worry about your broken strap, I will le'alter a new one in no time.

Katan alay：小意思，沒什麼，見第三章〈玩火〉。直譯，「對我來說是小事。」最貼切的翻譯大概是「輕鬆」。這個詞彙是個很厲害的語言策略，能讓人感覺自己無所不能。當你用 baktana（小事一樁）形容一件事的時候，你並非用客觀的角度思考這件事的複雜程度或是解決這件事會需要什麼資源，反之，你是用主觀角度告訴自己：「拜託，這根本小意思（katan alay）！」

例句：「要辭職你會緊張嗎？」「不會啦，小意思。Nah, katan alay.」

Leezrom，順其自然，見第五章〈成為你想成為的人〉。字面解和引申意都是「順其自然」。不過光讓事情自然發展還不夠，還必須在生命中留點空間給意外，要願意接受計畫之外的事，看看會有什麼結果。

動詞：「流動」的意思。用「zorem」形容一個人代表這個人很好相處，想到什麼做什麼，願意並熱情投入不在原先計劃內的活動。

例句：你願意先別管原先計畫，試試這個策略嗎？Are you zorem with trying this tactic?

Madrich：指導員，見第八章〈風險管理〉。Madrich 是督導或老師，通常在教育或訓練場合（但不包含學校）才會使用這一詞。這個字的詞根是「derech」，意為方向（way）。Madrich 就是指引方向的人。

Rosh gadol：大頭，見第十章〈獨立自主〉。Rosh gadol 直譯就是「大頭」。在日常希伯來用語中，rosh gadol 表示努力付出，超過要求。這是一種態度，一種心態，也是一個人的身份。具備大頭特質的人，他所想的、做的都要遠超過本分，能夠高瞻遠矚，努力做出成果。很難想像這個詞竟是源自軍隊用語，以色列軍隊鼓勵軍人要有自己的想法，而不是一味聽命行事。有大頭特質的人是好榜樣。基本上所有企業家都該要是「大頭」。

名詞：口語上用來形容能洞燭先機，扛起額外責任的人。反義詞：rosh katan，直譯：小頭。口語上用來形容只把份內工作做完，其他一蓋不管的人。

例句：不要一個口令一個動作，要展現大頭風範。Don't just do what you are told, be rosh gadol.

Shalom：平安、和平，見第十七章〈船到橋頭自然直〉。直譯為「平安」，也可以用來打招呼和說再見。Shalom 大概是希伯來文中最廣為人知的一個詞。

這個詞既是日常生活用語，又富有政治意涵，平凡的同時還有更深一層的含義。Shalom 有時是種祝福（例如 shalom alecha——願你平安），有時是種使命（世界和平），有時就只是單純說聲 shalom（你好）。

名詞：希伯來文和平的意思，常被用來泛指對立雙方之間的和諧或是安全狀態。希伯來文也慣用 shalom 做為招呼語（問好與道別皆可使用）。

Shiftzur：改善，見第十四章〈隨機應變及與時俱進〉。Shiftzur 是找出問題所在，針對大方向提出解決方案，再把解決方案拆解成易於執行的小單元。這個概念出自節儉的猶太文化，沒有壞掉不代表不用修理。Shiftzur 是軍隊常見的實行，舉例來說，以色列軍人會親手縫製皮套來裝彈匣，把他們的裝備「自我升級」。

名詞：shiftzur 源自以色列軍隊用語，意為隨機調整，改善裝備。動詞：leshafzer。

Tachles：務實的目標，見第九章〈讓孩子去做吧〉。Tachles 有兩解，一為實用，一為抓到重點的感覺。Tachles可以應用在各種不同的領域中，如政治、天氣，或是某個產品的品質。Tachles 是現代希伯來語中的外來語，源自意第緒語。字面上的意思是「結尾、目的、目標」。也就是說，做事情要目的導向，知道事情的關鍵，能夠對症下藥。

例句：你做對了。我還真不懂你幹嘛在那個職位做了這麼久，好險你總算辭職了。Tachles, I don't know why you kept that job for so long. It's good you finally quit.

Yalla：來吧，參見〈前言〉。直譯為「走吧！」用來表示想要趕快切入重點，也可以表示倉促、缺乏耐性、熱情或單純務實。Yalla 也可以是輕蔑的說話態度，但這種用法比較少見，例如「Yalla，你去別的地方搞你的事」或是「Yalla，你知道自己在說什麼嗎？」Yalla 源自埃及文，因為埃及語、波斯語、土耳其語、和希伯來語的電影、電視劇和俗語中常常出現，因而流行了起來。最常見的用法是用來表示「走吧」或是「快點」。在希伯來語中，yalla 也可以用來表示對於要來的事件或活動感到興奮。

例句：「來吧，開始吧！Yalla, let's do it!」

Yiheye beseder：船到橋頭自然直，參見第十七章〈船到橋頭自然直〉。應該可算是最關鍵的以色列特質，意思是「無論如何，會沒事的」。不管是弄丟鑰匙或是離婚，都可以用這句話來表達世界會繼續運轉，生命會自己找到出路。這種想法可能有點太過天真又不負責任，但是這種人生觀想要表達的是：就算目前事情不盡人意，我們還是要繼續往前，因為船到橋頭自然直。可以用來安慰他人，解除不安。

這是發明家和創業家最需要具備的心態。

例句：不要擔心弄丟飯碗，船到橋頭自然直。Don't worry about losing your job; yiheye beseder.

註釋

前言

1. Warren Buffett, quoted in Israel Ministry of Foreign Affairs, https://mfa.gov.il/MFA/Quotes/Pages/Quote-27.aspx.
2. Yonatan Adiri, interviewed by Arieli Inbal, December 2018.
3. Jack Ma, Opening of the Israeli Innovation Center and the prime minister's Israeli Innovation Summit, Tel Aviv, October 25, 2018.

第1章

1. Malka Haas, "Children in the Junkyard," Association for Childhood Education International 73, no. 1 (1966).

2. Isobel Van der Kuip and Ingrid Verheul, Early Development of Entrepreneurial Qualities: The Role of Initial Education (Zoetermeer: EIM, Small Business Research and Consultancy, 1998).
3. Amnon Zilber and Michal Korman, “The Junkyard as Parable,” Magazine of the Design Museum, Holon, 2014.

第11章

1. Albert Einstein, quoted in David Burkus, “When to Say Yes to the Messy Desk,” Forbes, May 2014, https://www.forbes.com/sites/davidburkus/2014/05/23/when-to-say-yes-to-the-messy-desk/#54b681781fdc.
2. Penelope Green, “Saying Yes to Mess,” New York Times, December 21, 2006, http://www.nytimes.com/2006/12/21/garden/21mess.html?pagewanted=print&_r=1.
3. Eric Abrahamson and David H. Freedman, A Perfect Mess: The Hidden Benefits of Disorder—How Crammed Closets, Cluttered Offices, and On-the-Fly Planning Make the World a Better Place (New York: Little, Brown,2006).
4. Janice Denegri-Knott and Elizabeth Parsons, “Disordering Things,” Journal of

Consumer Behavior 13 (2014): 89–98.

第三章

1. Kim Kovelle, "Tips to Teach Kids How to Build a Campfire," MetroParent, July 27, 2018, http://www.metroparent.com/daily/family-activities/camping/build-campfire-tips-teach-kids/.
2. Ke'Tara Wells, "Recess Time in Europe vs America," Click2Houston, March 10, 2016, http://www.click2houston.com/news/recess-time-in-europe-vs-america.
3. Lawrence E. Williams and John A. Bargh, "Experiencing Physical Warmth Promotes Interpersonal Warmth," Science 322, no. 5901 (2008): 606–7, http://www.ncbi.nlm.nih.gov/pmc/articles/PMC2737341/.
4. Micha Kaufman, interviewed by Inbal Arieli, Tel Aviv, September 20, 2018.
5. Ruth Umoh, "Jeff Bezos' Wife Would Rather Have a Child with 9 Fingers than One That Can't Do This," CNBC, November 21, 2017, https://www.cnbc.com/2017/11/20/how-jeff-bezos- teaches-his-kids-resourcefulness.html.

第四章

1. Datia Ben Dor, "My Land of Israel," https://ulpan.com/israeli-music/%D7%90%D7%A8%D7%A5-%D7%99%D7%A9%D7%A8%D7%90%D7%9C-%D7%A9%D7%9C%D7%99-my-land-of-israel/.
2. Matthew J. Hornsey and Jolanda Jetten, "The Individual within the Group: Balancing the Need to Belong with the Need to Be Different," Personality and Social Psychology Review 8, no. 3 (2004): 248–64.
3. Stuart Anderson, "40 Percent of Fortune 500 Companies Founded by Immigrants or Their Children," Forbes, June 19, 2011, http://www.forbes.com/sites/stuartanderson/2011/06/19/40-percent-of-fortune-500-companies-founded-by-immigrants-or-their-children/#13f9c6827a22.
4. Kira Radinsky, interviewed by Arieli Inbal, Tel Aviv, September 2018.
5. Paul Graham, "What It Takes," Forbes, October 20, 2010, https://www.forbes.com/forbes/2010/1108/best-small-companies-10-y-combinator-paul- graham-ask-an-expert.html#22e0cc71acad.

第五章

1. Roger Hart, "Environmental Psychology or Behavioral Geography? Either Way It Was a Good Start," Journal of Environmental Psychology 7, no. 4 (December 1987): 321–29,
https://www.sciencedirect.com/science/article/abs/pii/S0272494487800051.
2. Kathryn Tyler, "The Tethered Generation," Holy Cross Energy Leadership Academy, HR Magazine, May 1, 2007,
https://www.shrm.org/hr-today/news/hr-magazine/pages/0507cover.aspx.
3. John Mark Froiland, "Parents' Weekly Descriptions of Autonomy Supportive Communication: Promoting Children's Motivation to Learn and Positive Emotions," Journal of Child and Family Studies 24, no. 1 (January2013): 117–26.
4. Richard A. Fabes, Jim Fultz, Nancy Eisenberg, et al., "Effects of Rewards on Children's Prosocial Motivation: A Socialization Study," Developmental Psychology 25, no. 4 (July 1989): 509–15.
5. World Economic Forum, The Global Competitiveness Report: 2015–2016, ed. Klaus Schwab (Geneva: World Economic Forum, 2016).

6. Guy Ruvio, interviewed by Arieli Inbal, Tel Aviv, May 2015.
7. Adi Sharabani, interviewed by Arieli Inbal, Tel Aviv, July 2016.
8. Erika Landau Institute, "The Erika Landau Institute Home Page," http://ypipce.org.il/?page_id=11.
9. Professor Ran Balicer, interviewed by Arieli Inbal, Tel Aviv, November 2018.

第六章

1. Jerry Useem, "Failure: The Secret of My Success," Inc., May 1, 1998.
2. Jerry Useem, "The Secret of My Success," United Marine Publications 20, no. 6 (1979).
3. Michael Jordan, Wikiquote, https://en.wikiquote.org/wiki/Michael_Jordan.
4. Laura M. Miele, "The Importance of Failure: A Culture of False Successes," Psychology Today, March 12, 2015, https://www.psychologytoday.com/blog/the-whole-athlete/201503/the-importance-failure-culture-false-success.
5. Kathryn Tyler, "The Tethered Generation," Holy Cross Energy Leadership Academy, HR Magazine, May 1, 2007,

https://www.shrm.org/hr-today/news/hr-magazine/pages/0507cover.aspx.
6. Adam Dachis, "The Psychology Behind the Importance of Failure," Life-Hacker, January 22, 2013, http://lifehacker.com/5978096/the-psychology-behind-the-importance-of-failure.
7. Vince Lombardi, Good Reads, https://www.goodreads.com/quotes/31295-it-s-not-whether-you- got-knocked-down-it-s-whether-you.

第七章

1. InterNations, "Expat Insider." Family Life Index 2018, https://www.internations.org/expat-insider/2018/family-life-index-39591.
2. Kelly McGonigal, "How to Make Stress Your Friend," TED Ideas Worth Spreading, video file, June 2013, https://www.ted.com/talks/kelly_mcgonigal_how_to_make_stress_your_friend/transcript?language=en#t-530180.

第八章

1. Boy Scouts of America, "Youth," https://www.scouting.org/.
2. Scouts, "Scouts Be Prepared," http://scouts.org.uk/home/.

3. Tzofim, "Who We Are," http://www.zofim.org.il/magazin_item.asp?item_id=69690940572 1&troop_id=103684.
4. Tsahi Ben Yosef, interviewed by Shira Rivelis, Tel Aviv, September/October 2016.
5. Keith Sawyer, "Improvisational Creativity as a Model for Effective Learning," in Improvisation: Between Technique and Spontaneity, ed. Marina Santi (Newcastle upon Tyne: Cambridge Scholars Publishing, 2010), 135–53.
6. Yair Seroussi, interviewed by Arieli Inbal, Tel Aviv, November 2018.
7. Janusz Korczak, "9 tzitutim meorerey hashra'a shel Janusz Korczak, ha'mechanech haultimativy" [9 inspirational quotes by Janusz Korczak,the ultimate educator], https://www.eol.co.il/articles/323#, accessed February2019.
8. Narkis Alon, interviewed by Shira Rivelis, Tel Aviv, September 2016.

第九章

1. Tara Lifland, "Krembo Wings: A Youth Movement Led by Children for Disabled Children," NoCamels, December 12, 2012, http://nocamels.com/2012/12/krembo-wings-a-social- movement-led-by-children-for-disabled-children/.
2. Sharin Fisher, interviewed by Shira Rivelis, Tel Aviv, October 2016.

3. Darya Henig Shaked, interviewed by Arieli Inbal, June 2017.
4. Sagy Bar, interviewed by Arieli Inbal, Tel Aviv, July 2016.

第十章

1. Barbara Bamberger, "Volunteer Service Draws Israeli Teens Before They Start Stints in Military," Tablet, June 7, 2013, http://www.tabletmag.com/jewish-life-and- religion/133955/volunteer-service-israeli-teens.
2. Izhar and Shir Shay, interviewed by Rivelis Shira, Tel Aviv, July 2016.

第十一章

1. Wikipedia, "Israel Defense Forces," https://en.wikipedia.org/wiki/Israel_Defense_Forces.

第十二章

1. Anthony Kellett, Combat Motivation: The Behavior of Soldiers in Battle, ed. James P. Ignizio (Dordrecht: Springer Netherlands, 1982).
2. Sergio Catignani, "Motivating Soldiers: The Example of the Israeli Defense

Forces," Parameters (Autumn 2004): 108–21, http://strategicstudiesinstitute.army.mil/pubs/parameters/articles/04autumn/catignan.pdf.

3. Ronald Krebs, "A School for the Nation? How Military Service Does Not Build Nations, and How It Might," International Security 28, no. 4 (2004): 85–124.
4. Louis D. Williams, The Israel Defense Forces: A People's Army (New York:Authors Choice Press, 2000).
5. Moshe Sherer, "Rehabilitation of Youth in Distress through Army Service: Full, Partial, or Non-Service in the Israel Defense Forces—Problems and Consequences," Child & Youth Care Forum 27, no. 1 (1998): 39–58.
6. Ori Swed and John Sibley Butler, "Military Capital in the Israeli Hi-tech Industry," Armed Forces & Society 41, no. 1 (2015): 123–41.
7. Nir Lempert, interviewed by Shira Rivelis, Tel Aviv, February 12, 2017.

第十三章

1. Edward Luttwak, quoted in Start-up Nation: The Story of Israel's Economic Miracle, ed. Dan Senor and Saul Singer (New York: Hachette Book Group, 2009), 53–58.

2. Nadav Zafrir, interviewed by Arieli Inbal by phone, October 2018.
3. Yagil Levy, "The Essence of the Market Army," Public Administration Review 70, no. 3 (2010): 378–89.
4. Tim Kastelle, "Hierarchy Is Overrated," Harvard Business Review, November 20, 2013, https://hbr.org/2013/11/hierarchy-is-overrated.
5. Jason Fried, "Why I Run a Flat Hierarchy," Inc., April 2011, http://www.inc.com/magazine/20110401/jason-fried-why-i-run-a-flat-company.html.
6. Christy Rakoczy, "Advantages of a Flat Organizational Structure," Love to Know, August 2010, http://business.lovetoknow.com/wiki/Advantages_of_a_Flat_Organizational_Structure.
7. Pascal-Emmanuel Gobry, "7 Steps the US Military Should Take to Be More Like the IDF," Forbes, August 25, 2014, http://www.forbes.com/sites/pascalemmanuelgobry/2014/08/25/7-steps-the-us-military-should-take-to-be-more-like-the-idf/#741acd8ef834.

第十四章

1. Noam Sharon, interviewed by Rivelis Shira by phone, October 2016.

2. Uri Weinheber, interviewed by Arieli Inbal, Tel Aviv, August 2017.
3. Written in collaboration with Matan Edvy, cofounder and CEO of Verstill, Israeli Air Force major (reserve).
4. Steven Pressfield, The Lion's Gate: On the Front Lines of the Six Day War (New York: Penguin Publishing Group, 2015).
5. George P. Huber and William H. Glick, eds., Organizational Change and Redesign (Oxford: Oxford University Press, 1995).
6. Gilbert Ryle, "Improvisation," Mind 85, no. 337 (1976): 69–83.
7. Karl E. Weick, "Introductory Essay—Improvisation as a Mindset for Organizational Analysis," Organization Science 9, no. 5 (1998): 543–55.
8. Christine Moorman and Anne S. Miner, "Organizational Improvisation and Organizational Memory," Academy of Management Review 23, no. 4 (October 1998): 698–723.

第十五章

1. World Economic Forum, The Future of Jobs: Employment, Skills and Workforce Strategy for the Fourth Industrial Revolution, Global Challenge Insight Report,

January 2016.
2. Dov Moran, interviewed by Arieli Inbal, Tel Aviv, September 2016.

第十六章

1. United Nations Statistics Division, "International Migration," United Nations, 2017, https://unstats.un.org/unsd/demographic/sconcerns/migration/migrmethods.htm.
2. Shmuel Shulman, "The Extended Journey and Transition to Adulthood: The Case of Israeli Backpackers," Journal of Youth Studies 9, no. 2 (May 2006): 231–46.
3. Herb Keinon, "Using the Power of Israeli Backpackers to Help the World," Jerusalem Post, October 17, 2016, http://www.jpost.com/Israel-News/Using-the-power-of-Israeli-backpackers-to-help-the-world-470232.
4. Yasmin Lukatz, interviewed by Arieli Inbal, Tel Aviv, June 2017.
5. Darya Henig Shaked, interviewed by Arieli Inbal, Tel Aviv, June 2017.
6. Human Capital Survey Report 2018, Israel Innovation Authority, https://www.dropbox.com/s/2cesfwevfpddgem/2018%20Human%20Capital%20Report.pdf?dl=0.

第十七章

1. Imad Telhami, interviewed by Arieli Inbal, Tel Aviv, November 2018.
2. Chemi Peres, interviewed by Arieli Inbal, Tel Aviv, November 2017.

謝詞

我把我最喜歡的希伯來文詞彙 firgun 放在本書的這個地方。

這個字用來形容「參與其他人的喜悅」，只是單純的為對方感到高興，沒有期待回饋，這是一種純然的、與喜樂的人同喜樂的這種同理心。

這個字的意思也是「對於別人的幸福及成就，所產生的一種同理感情，不帶著嫉妒或私心」。這是真誠地想要讓對方覺得高興。請注意，不要把這個字與「恭賀對方」混淆了，因為這個字的力道遠遠超過「祝賀」。

對我來說，要寫出這本書很不容易。在寫作的路上，多虧了我身邊很多人傳遞給我的 firgun 感覺，我才能完成這件事。

最重要的是我愛的三個兒子：約拿坦、丹尼爾、亞登。在我寫書的這幾年間你們長大了，各有特性，這本書也完成了。你們的童年經歷啟發了我，要寫出這本書讓世界知道。祝福你們的人生將是多彩多姿，滿有創意，活潑生動，而且能影響他人，在你們重要的朋友、同事陪伴實現自我。下若不是我從很多人身上。請持續運用你們的虎之霸精神，用得恰到好處，不多不少。

我可貴的伴侶，最佳良友，我的丈夫尼爾（Nir）：我們歡慶二十年的婚姻，虎之霸精神依然不減。你教導我要做大夢，啟發我自己從未知的創業技能，支持我鼓勵我。今日較之先前，我愛你更深。

我親愛的父母米拉（Mira）與莫提（Motty）：謝謝你們給我自由，給我空間，使我成為今日的我。謝謝你們給我指引，未加侷限。謝謝你們以身作則，卻不給我期待。謝謝你們給我安穩的童年。爸，願你安息，到今天每日我仍蒙你的引導。

我在以色列科技圈最佳友人們，撰寫本書過程中謝謝你們展現firgun精神，成就了我。你們的支持與批評，讓這本書超越了我，成為我們共同的故事。

我特別要感謝以下人士：Adi Altschuler, Adi Sharabani, Benny Levin, Chemi Peres, Darya Henig Shaked, Dov Moran, Eugene Kandel, Guy Franklin, Guy Ruvio, Imad Telhami, Izhar Shay and Shir Shay, Kira Radinsky, Matan Edvy, Micha Kaufman, Nadav Zafrir, Narkis Alon, Nir Lempert, Noam Sharon, Ran Balicer, Sagy Bar, Sharin

Fisher, Tsahi Ben Yosef, Uri Weinheber, Yair Seroussi, Yasmin Lukatz, Yonatan Adiri—謝謝你們撥空和我分享故事，又大方允諾把你們的故事分享給讀者。

我還要謝謝 Adi Janowitz, Amy Friedkin, Anna Philips, Ariana Kamran, Brian Abrahams, Chaya Glasner, Dan Senor, Wendy Singer, Terry Kassel 以及 PSE Foundation 全體，Daniel Alfon, Efrat Duvdevani and the entire team at the Peres Center for Peace and Innovation, Gabby Czertok, Gadi Zeder, Gonie Aram, Guy Hilton 還有 Start-Up Nation Central 全體團隊，Mor and Guy Peled, Itay Shhigger, Judy Heiblum, Neta Eshet and Levi Afuta, Rick Allen, Rose Kahn, Saar Friedman, Shirley Schlafka, Saul Singer, Sharon Blatt, Shuky Kappon, Sigi Naggiar, Sujata Thomas, Wendy Revel and the backStorygroup, Yonatan Ido—謝謝你們支持我寫作，幫我校正，編輯，提供想法與寶貴的意見。

特別感謝擔任研究助理與文字審訂的 Shira Rivelis, 把我的夢想實現在書裡。謝謝 Synthesis 全體團隊，尤其是最佳益友與事業伙伴 Shirley。

最後感謝我的家族新成員：以 Hollis Heimbouch 為首的 HarperCollins 出版團隊，以及以 Jan Miller 為首的 Dupree Miller 文字經紀團隊，謝謝你們慧眼相信這本書。很高興我們能夠合作！

國家圖書館出版品預行編目資料

虎之霸：從日常習得不確定與創新的力量和技能 / 英貝兒．艾瑞黎(Inbal Arieli)著；陳佳瑜、楊詠翔、紀揚今、高霈芬譯. -- 初版. -- 臺北市：遠流, 2021.01
面； 公分
譯自：CHUTZPAH: Why Israel Is a Hub of Innovation and Entrepreneurship
ISBN 978-957-32-8924-1(平裝)

1.創業 2.企業精神 3.以色列

494.1 109019728

虎之霸：從日常習得不確定與創新的力量和技能

CHUTZPAH: Why Israel Is a Hub of Innovation and Entrepreneurship

作　　者 英貝兒．艾瑞黎（Inbal Arieli）
譯　　者 陳佳瑜、楊詠翔、紀揚今、高霈芬
行銷企畫 劉妍伶
執行編輯 陳希林
封面設計 陳文德
內文構成 6宅貓

發 行 人 王榮文
出版發行 遠流出版事業股份有限公司
地　　址 臺北市南昌路2段81號6樓
客服電話 02-2392-6899
傳　　真 02-2392-6658
郵　　撥 0189456-1
著作權顧問 蕭雄淋律師
2021年01月01日 初版一刷
定價 新台幣380元（如有缺頁或破損，請寄回更換）

ISBN 978-957-32-8924-1
遠流博識網 http://www.ylib.com E-mail: ylib@ylib.com

CHUTZPAH: Why Israel Is a Hub of Innovation and Entrepreneurship
by Inbal Arieli